内心当如竹林,
遇事飒飒作响,事毕转瞬如常

每当回首过去，我还是觉得

现在最好

［日］外山滋比古 著

沈英莉 译

北京日报出版社

PREFACE 序言

在古罗马,有位名叫奥古斯都[1]的皇帝。他身为明君,备受后世赞誉,为众人敬仰。在众多传闻逸事中,最有名的就是他经常挂在嘴边的那句名言"稳中求快"!据说时至今日,欧洲一些城市还把这句名言刻在城市里的石碑上。

"稳中求快"和"欲速不达"的含义不同。后者指不能胡乱过度加速,当然也不能慢吞吞地不着急;前者则指心态上要保持平常心,稳稳地向前赶路,既可以理解为生活方式上的教诲,也可以理解为工作上的心得体会。

---

[1] 奥古斯都,古罗马帝国第一代皇帝,原名屋大维,恺撒的义子,与安东尼、雷必达组成"后三头同盟"。公元前31年在亚克兴海战中打败安东尼,掌握政权,后被元老院赐封"奥古斯都"(尊严者)称号。——译者注

"加速""加速",如果单纯地加速,事情就简单了。磨磨蹭蹭、慢慢吞吞,也很不像话。"稳中求快"则将矛盾的两方面结合起来,产生了中庸之妙趣,真是充满智慧的语句啊!

我得知这句名言已经是很久以前的事情了。当时,我正在从事出版行业。京都的古典文学学者和我保持着工作上的联系,他在每封信的结尾必然会加上一句 Festina Lente!这既可以理解为"速度再快些",也可以理解为"心要更细些""不要快而不精",真是非常有趣。

我很喜欢"稳中求快"这句话,经常一个人在口中喃喃自语,不过总是对其中"求快"这个命令形式耿耿于怀。日语表达中原本就不喜欢赤裸裸的命令形式,有种粗暴的感觉。不知不觉间,我心里记下的便是"稳中求快"的非命令形式。

9年前,我将"稳中求快"作为著作的书名。回想起来,在撰写那本书的连载文章时,正是我对这句话最倾心的时候。我一方面抑制着自己动辄想要不顾一切、贸然行动的心情,另一方面警惕地告诫自己不要完全失去气力,变得慢慢吞吞、松松垮垮。就在那时,"稳中求快"如同咒语一般,产生了不可思议的力量。

说起来，写那本书已是40年前的事情了。每个月，我会从连载于《每日夫人》（每日新闻社）的文章中选择出若干篇，集结成一册。当年执笔之时，大概还在自己步入花甲之前，真是让我怀念啊！虽然年代久远，但我暗自骄傲地以为，正因为搁置的时间久远，才酝酿出醇厚的感觉。本次，值此新书出版之际，我从中又加以遴选甄别。

若论马齿已95岁，但仍会继续执笔写稿。回想起来，本书凝聚着我自50多岁以来未改的心绪和情感，我是一路这样来到了今天的年纪啊！书名如题曰"老いの練習帳"（直译为岁月练习册，现书名为《每当回首过去，我还是觉得现在最好》）。在号称人生百年的当今社会，新的事物往往很快变老，而旧的事物却不再变得更老，因为时间消失了。从今以后，我们也"稳稳地求快"吧。

2019年5月30日

外山滋比谷

CONTENTS 目录

PART 1 轻装前行

01 慢速说话 _ 002

02 站着说话,站着写东西 _ 006

03 心会动,但也可以很快平静 _ 010

04 住在心中的无形的虫子 _ 014

05 午睡的意义 _ 018

06 枕边书的困扰 _ 022

07 搭配诗文的散步 _ 026

08 享受病愈的过程 _ 031

09 疼痛是不可或缺的经历 _ 035

10 有时意识也会骗人 _ 040

11 出行无须多带行李 _ 044

12 收信与回信都充满乐趣 _ 048

13 距离产生美 _ 052

14 保留幻想中的美 _ 057

PART
2 品味心情的变化

01 表达心意比赠送礼物更重要 _ *064*
02 与陌生人的肢体接触 _ *068*
03 喜欢用年轻时的肖像 _ *072*
04 人人都有逆反心理 _ *076*
05 客人与店家之间的信任 _ *080*
06 "感觉害怕"的上茶方式 _ *085*
07 养成吃早饭的习惯 _ *089*
08 馋猫的嗜好 _ *093*
09 回味的话题 _ *097*
10 做人的宽度 _ *101*
11 热茶的美味 _ *106*

PART
3 选择关系较远的人作为话题

01 一个人吃饭的启示 _ 112

02 用餐时愉快交谈 _ 116

03 料理要有人欣赏才算完成 _ 120

04 常用物也要用好东西 _ 124

05 照顾植物的启示 _ 128

06 尝试坚持一件事 _ 132

07 卖帽子的同龄接待员 _ 136

08 挑选手杖的启示 _ 140

09 "小心脚下" _ 144

10 换种材质也是换种感觉 _ 148

11 别人的私物不必羡慕 _ 152

12 初学者的好运 _ 156

PART

4 爱上杂念

01 离开的心情难免喜忧参半 _ 162

02 猫不会因鱼刺浪费时间 _ 166

03 照相站位的讲究 _ 170

04 最难的事就是自然地表现自己 _ 174

05 陌生的好意最难能可贵 _ 178

06 谈话有趣,食物也会美味 _ 182

07 安心走路,注意脚下 _ 186

08 爱自己就去游历 _ 190

09 祖母的情趣 _ 194

10 独步森林 _ 198

PART

1

轻装前行

余生，
请学会为自己做减法

01

慢速说话

勇敢地发起挑战吧!
去掌握充满智慧、具有说服力
却并不老朽的慢速说话方式。

一个人对我说："您最近好像话变少了啊。"原本我以为寡言之德该是被人们认同的优点，是该高兴的，可是现在却相反，真让人垂头丧气。如今，大家讨论的话题是感觉寡言少语、慢速讲话的人更易衰老。

也就是说，刚刚那句话可以解释为"你呈现了衰老的前兆哦"，很不好玩。不是我自夸，原本我说话是很快的，被大家认为是健谈的人，而且我自己也是那么觉得的。如果这个社会那么慢，那我就必须配合他们。于是，我努力地、慢慢地配合，如果可能的话，就尽可能地保持沉默。

只是稍加努力并不能轻易改变这种习惯。即便如此，我的说话方式好像也稍微变好了。为此，我也暗自扬扬得意。如果有人现身印证这一点，我会很高兴，但没想到现在竟然被当作身体衰老的前兆。

几天后，我看到最新寄到的《时代》杂志中有报道说语速快好，这让我的心情更黯淡了。

这个报道说，最近在美国广泛通过快进磁带的技术，把语速提得比实际更快，据说这叫时间压缩。甚至有些企业以此为主业。

广告界也有使用这种技术的案例，其反响提升了40%，正在成为广告界的神话。一般来说，一旦磁带快进，声音就会变得高亢，但是听说这种技术成功地克服了这一问题，声音不会变得不自然。

电视广告的制作也是通过将胶片细细剪切，才能够避免出现卓别林那样的动作。最重要的是，能够在短时间内传达更多内容，这一点或许很受广告界欢迎，也迎合快节奏的美国人的喜好。

不仅如此，这则报道还进一步抛出了一个通用法则（是否通用暂且存疑），认为语速快的人更具有说服力，给人以知性的感觉。

报道还拿开快车的例子来说明快速的好处："连开车也是，以30迈（约48千米/时）的速度开车，往往不知不觉中容易走神沉湎于白日梦。还是试试以90迈（约144千米/时）的速度开为好。"

哎呀！一想到自己好不容易努力地控制放慢了说话

速度，正在自鸣得意，却突然被警示说有衰老的危险，还被认为是缺乏说服力，不够知性，这可真是运气不佳。

不过话说回来，我看了看身边，发现最近语速快的人确实增加了，特别是年轻人变化最明显。漫才（日本的一种站台喜剧形式，类似于中国的对口相声）之类的表演，语速快得简直让人费解。如果从美式思维方式出发，这大概是让人感到有说服力、知性的说话方式吧。

出生在小地方的人来到大城市，一旦掌握了新语言，说话速度就容易变快。日本现在语速快的人之所以多起来，正说明了人口迁移的激烈程度——这是近年来我的一贯主张。

在美国出现了与此有别的另外一种快速说话方式，而且这种方式得以应用到实际，真是很有趣。还有一种说法，据说大阪人的步速比东京和纽约都快，是世界第一。这是否与说话速度有关系，我们不得而知，但是听到像机关枪一样的关西漫才的语调和速度，就感觉其中多少有些联系。

我想一定有充满智慧且具有说服力，但并不老朽的慢速说话方式。我想勇敢地奋起向它发起挑战！

02

站着说话，站着写东西

年老却依然保持站立，
不是也很好吗？

在人前讲话要站着说。即使有人劝我坐着说，我也没有听从过。有人关心说，您站着说话回去后会很疲劳吧？但是我心想，连一两个小时都站不住还能当老师吗？不过我还是含混地说"不""并不会啊"之类的话来搪塞和岔开话题。

学校里举行人数较少的小型研讨会时，站着讲话会让人觉得很可笑，但如果是普通课程，我是不会落座的。我感觉站着讲更易于用力、更有气势。

很久以前，一位历史学家说，自己家里的桌子没有配椅子，他站着读书，站着写稿子，并为此特别定制了桌子，因为站着工作更起劲儿。听到这儿，我吃惊不已。想来那位学者的文章之所以具有独特的动人心魄的力量，与那样的书房不无关系吧。

仔细想想也不必那么吃惊。如果站着讲话感觉很好，那么写东西也是身板挺直更好，这是一个道理。席地而坐或落座在椅子上，可能会对血液循环不好，站着时人体的血液循环会变好吧。

现在不知是何模样,我听说过去英国的办事人员是站着办公的,桌子稍高,可以站着写东西。不仅高度有调整,桌子也不是水平的,而是前低后高的斜面。这样一来,非常方便人们敏捷地行动。

长期习惯于跪坐在榻榻米上的日本人,好像对于站立这件事有些犹豫。从"立食""站座"等词语中我们也能明白,其含义是站着做了本不该站着做的事。这些词语之所以让人感觉站着做事不合理,是原本该站着的人没有充分站立的原因吧。如此说来,在日本站立这一行为并不活跃也是无可厚非的。

"站着的孩子父母也要使唤"[1],这句话充分说明了如果坐着,站起来是多么费事儿、多么麻烦的一件事。不能一口气站起来时,还要喊出一句口号来激励自己。

最容易让人行动变得迟缓的物品是被炉。不过,我觉得没有比被炉更具智慧的取暖方法了。这种物品能最大限度地利用极少的火力,让全家人都能取暖,而且符

---

[1] 这是一句日本谚语,意思是有急事的时候,哪个孩子离得近就让谁帮忙,此处意为站着的人比坐着的更方便。——译者注

合头凉脚热的道理。

但其弱点是，人一旦进去，就不爱出来。带着学习用品进被炉，一旦有东西必须起身去拿，会让人觉得离开被炉真是麻烦。人会想偷懒，看有没有可以不取也能应付的东西。在被炉里学习之后的感觉不够舒畅，于是我努力做到即使冬天也不接近被炉。

也可能是我年龄渐长的原因，最近早晨起得早。在出发前，我会努力地迅速整理一些零零碎碎的工作。这时，我会时而坐在椅子上，时而站起来，非常烦琐。当我想草草写完明信片之类时，就想站着完成，但是因为桌子过低只能半蹲。实际上，就那样半蹲着，还是感觉不舒适。不久我找来了矮脚桌，放在了现在使用的桌子上面。这样一来，站着写字就方便了，也让我想起之前那位历史学家说过的有关桌子的话。

学校的讲桌也是高度太低。我想着能再高一点，希望和美国总统演讲时使用的桌子一样高。

年老却依然保持站立，不是也很好吗？

03

[心会动，但也可以很快平静]

修行得道之人的内心，遇事会飒飒作响，
事毕则转瞬恢复平常心态。
换言之，人必须如同一株复原能力
超强的竹子一般。

在我每天的必经之路上有一座建筑物，它的卷帘门总是放下的，不知道是车库还是仓库，不过这不是重点。我之所以注意到它，是因为每次走过时，卷帘门都会发出声音。最初我觉得这不可能，坚固如铠甲的金属材质卷帘门，岂会仅仅因为一个人经过就咔咔作响？我偶尔会怀疑是不是里面有人。

对于卷帘门我并不了解，单从每天都要卷起、放下这一点来看，我觉得门的构造应该很结实吧，因为有人经过就咔咔作响，很是奇怪。不过，它确实发出了声响，产生了振动。人走起来会产生风，好像是因为风的压力让卷帘门发出声响。当我穿上雨衣，雨衣的下衣襟随身摆动时，门的声响格外大。平时我并未注意到，这让我认识到原来我们走路是穿过风快速前行的。于是，我重新思考了关于风力的问题。

我听说过这样一则逸事，昔日大学生还戴着方形帽的时候，有位一年级学生放暑假回家，坐火车时开着车窗，结果一进隧道帽子就被吸走了。丢了身为大学生标志的帽子，无颜见家乡父老，因此他又折返回去买了顶方形帽。

近几年到了夏天，我会为了防晒戴上帽子，这确实很凉快。有时风不大，帽子却会被风吹走。每当这时，我都会想起过隧道被吹走方形帽的那位大学生。

帽子的帽檐也就三四厘米的宽度，戴的时候不是宽松地扣在头上，而是很好地贴合在我的头上。把帽子吹走的气压竟是从窄窄的帽檐上产生的，这让我非常震惊。

于是，我突然觉得如果这么点风只是碰到这么窄小的帽檐，就能产生吹走帽子的力量，那么飞机能被吹得飞起来也不奇怪了。

一看到大型喷气式飞机，我会半是感叹半是吃惊地想，这么大的大家伙竟然能飞上天，但是自从重新认识风的力量后，我就能够理解，如果有飞机那么大的翅膀，能飞起来也不是不可思议的事情了。

前几天，在经过刚刚说到的那扇咔咔作响、向我问候的卷帘门时，我突然觉得我们的内心或许也像这扇卷帘门一样吧：每当发生一些事的时候，这些事产生的风搅动了我们的心弦，内心就再不能保持宁静。很多时候我们因为些许小事而心痛不已，内心摇摆不定，如果我们的内心又不像卷帘门那么坚固，那么就会很麻烦。

禅宗有句话叫"风来疏竹，风过而竹不留声"，大意是，一阵风吹过疏朗的竹林，竹叶发出沙沙之声。而当风通过后，竹林就会恢复原来的静寂，不会再发出声响。其寓意是，修行学成之人，内心正如竹林一样，遇事发出飒飒风声，事毕则转瞬恢复平常心态，必须如同一株复原能力超强的竹子一般。

提到复原能力，我的卷帘门比起竹子并不逊色，瞬间咔咔作响，但是下一秒就神奇地归于宁静。我们要向竹林学习，同样必须向卷帘门学习。

昨天，我例行经过咔咔作响的卷帘门时，发现在它附近生长着一株无名的常绿树，叶子小小的，却能做到纹丝不动。比起竹枝和卷帘门，它的能力更胜一筹。为什么对于能让卷帘门颤动的风，树的叶子却不为所动呢？我百思不得其解。

04

住在心中的无形的虫子

如果心中的"虫子"专横跋扈,
会让人感觉很痛苦。
我们应该选择能够提高自身抵抗力的、
乐天的、充满希望的生活方式。

春天来了,树木刚开始吐露新芽时,我就会振奋精神,"好!今年也要加油"。这是怎么回事呢?因为我与虫子的作战就要开始了。

虽然只有巴掌大,觉得挺难为情的——但是我家确实有个院子。因为主人的嗜好,院子里面种了许多树,并且还是许多结果的果树。梅树之外有杏树,葡萄藤以外有柿子树,还有橘树,它们都结着果实。

虫子对别的树完全不理睬,大多时候都以果树为目标。果然还是因为甜吗?其中特别脆弱的是梅树,稍一大意马上就会遭遇虫害。说起来,玫瑰也是虫子最爱吃的植物。我们家已经减少玫瑰的种植了,没有遭受相应的虫害。以前,院子里有桃树,结了非常好的桃子,但是因为毛虫害特别严重,所以我很生气,最后全部连根拔起了。从那时起,我就开始将虫子视为敌人了。

我家里有两台喷农药的喷雾器,一台是手压式的,另一台是电动的。电动式虽然适用于玫瑰之类的植物,但够不到高处的树枝,没有太大用处。这部手压式喷雾器如果一打开喷嘴,液体就能呈现出雾状,像玩具手枪一样能够喷到很远的地方,很是方便。到了五六月的时候,我会每10天喷洒一次。

喷农药时,有时会有路过的行人驻足远望,上年纪的人居多,还有行人仿佛是躲避污秽之物般地逃往道路的对面。我也觉得不能喷到行人身上,因此尽可能不从院子面向道路那个方向喷洒,必然是从道路面向院子方向喷洒。即使这样,有时也会被不知哪里来的妇女批评说"都洒我身上啦"。

虫子难以应付,但是喷药除虫也不是没有快乐,把粘在树干上的虫子用喷头喷走甚是痛快。而且有时我会模模糊糊地想:这种虫子还好对付,麻烦的是在眼睛看不到的地方为非作歹的虫子,不是吗?

说到人身体内部的虫子,首先想到的是寄生虫,不过最近寄生虫已经相当少了。想起过去,小学定期发驱虫药让学生服用,真的十分怀念啊。如果小看这种寄生虫,它们就会不断繁殖惹出大祸来。

如果是蛔虫,使用正常的驱虫药就能驱除,但是还有和蛔虫不同的、不明真身的虫子,至少古人是那么想的。日语中有句话叫"心情不舒畅的虫子[1]",大概是说虫子是忧郁的病原体(我是这样认为的)。说虫子存在的地方不好,或者说控制不住肚子里的虫子[2],从这些表达看,古人好像也脾气暴躁。古人也说不喜欢虫子[3]、讨厌虫子[4],他们好像也好恶分明,感情用事啊,进而还有"虫子的通知"这种说法,也许指具有预知、预感等超能力的虫子吧。

我们大概可以推测出,住在我们心中的无形的虫子其实是人类的心理活动,它们有时也干好事,但是大多数时候喜欢恶作剧,因此被称为"虫子"。

人们的直觉在心理方面真是提出了有趣的见解。如果任由心中的虫子胡作非为,人就会变得软弱或愤怒,最终甚至生病,这就很可怕了。我们必须考虑防虫。这么想着,我突然想起前几日读到的美国某位医学学者的话,如果采取乐天且充满希望的生活方式,会对免疫系统产生好的影响,对于疾病的抵抗力也会提高。这就是杀虫。我在现实中这样除虫,心情马上会变得爽快,身心也会更健康。这样想着,喷雾器就喷空了。

---

1 心情不好是因为体内有虫子,意为闷闷不乐。——译者注
2 意为控制不住感情,怒火难消。——译者注
3 意为不明原因地不喜欢,从心里讨厌某件事或者某人。——译者注
4 意为从心里讨厌。——译者注

05

午睡的意义

午睡是很好的,但是这个词不大好。如果是歇思榻[1],听起来就会好听。

---

[1] 西班牙语中午睡的音译。——译者注

暑假时，我对家里上幼儿园的孩子们说，暑假期间，你们早晨要早起，中午要午睡。我权且说了，但是孩子们听进去了多少，我心里非常没底。

不过，我并没有敷衍了事的意思，而是真的希望他们这么做。不仅是孩子，我也打算这么做，还多少说了些自己曾经的战绩。

随着社会的发展，夜生活时间也变长了。偶尔路过繁华街区，已经接近半夜，却依旧热闹非凡。即使在家里，九十点也有了夜还不深的感觉。

夜猫子早上睡懒觉，是现代人的常识。我们在不知不觉中过着违背自然的生活，但这样并不好。这样想着，我决定要早起。

口德不好的朋友打趣说，上了年纪，自然而然就会一早醒来，但我不理他。

如果早晨起得早，就坚持不到夜里，于是就要午睡。

在外面是没办法的,在家时,我会在午饭后正式午睡。这种坚持让别人听到也许会觉得不好,因此平时我不对外讲,但到了暑假就完全无所顾忌了。即使是幼儿园的小朋友,我也向他推荐自己在做的事。

我不吃早餐已经近 30 年了。午餐吃的是兼有早餐和午餐的 brunch(早午餐)。这么做的目的是把"早饭前"的时间拖到中午。

午餐一过我就舒舒服服地休息。在寝室里,冬天的话我就钻进被窝睡,夏天就随便横卧而眠。不过如果睡得过长,身体就会觉得倦怠,大概一个半小时为宜。

最近一段时间总有电话打来,很麻烦。我提前告诉亲近的朋友中午到下午 3 点不要打来电话,并将电话挪到二楼的房间,睡的时候尽可能不让电话铃声打扰到我的酣眠。

如今的学校,下午的课对身体健康不好,学习效率自然也不高。正常的小孩需要通过打盹儿保持身体健康,只"摄取"不到 1 小时的午睡时间,还谈什么减负教育,真是让人发笑。

午睡有睡过的危险,因此我会定上闹钟再睡,但是大多数时候都是在确定好的时间自然而然地醒来，我自己都佩服自己。然后起床、洗脸、换衣服，和早起做同样的事。这样，新的一天开始了。有时睁开眼睛的瞬间，我会把中午错当成早晨：呃？已经这么亮了……

或许在入睡后，身体相信它即将迎来的是早晨吧。为了配合身体的这种感觉，我把下午2点半当作黎明。这样一来，平日里人们的晚餐就成了我的午餐，我再次拥有了早饭前的神圣时间，很是难得。

如此一来，一天变成了两天。比起每周休息两天，能得到午睡时间我觉得更好。

炎热夏天的午后，我看到将车停在树荫下酣畅睡眠的司机师傅们，就会有种亲近的感觉，"不错哦"。

午睡是很好的，不过这个词不太好听，给人一种懒惰的印象。西班牙语的歇思榻（siesta）也有午睡的意义，相比之下，歇思榻让人听起来感觉更好些。

我没有去过西班牙，那里到底有多热，我不得而知，但是应该不亚于日本吧。他们能够歇思榻，那么我们何必认为午睡可笑呢？这样想着，我的眼睛看向了水银柱。

06

枕边书的困扰

枕边要么放硬壳的书，
要么就放自己读过多次的爱读之书。

脑子里越是想不能睡，身体就越是向下沉，眼睛越发睁不开。我最初有这种感觉是在学校下午听课的时候，老师的脸越来越模糊，渐渐远去。突然意识回转，发现自己有几分钟的记忆断了片儿。

最近，我十分努力地克服在车上犯困。如果是出租车，我自然就不客气了。打个盹儿自然是可以的，但不知是否因为紧张，我很少有困意。如果是朋友的车，我就能放松警惕，睡魔就会袭来。同行人员一旦犯困，司机也会被感染，因此我对自己说不能睡。而且频频点头、打瞌睡对于让我搭车的车主来说十分不礼貌。

一旦这么想，天生爱调皮捣蛋的天邪鬼睡魔[1]就开始使坏出来诱惑我。最开始我还奋起抵抗，但结果还是败给了它。有趣的是，开车的人一旦说"请您不必有顾虑，好好休息一下吧"，睡魔小子就会挠挠头逃走，我也睡意全消。

---

[1] 天邪鬼，日本传说中的恶神之名，形容爱故意和别人唱反调，违逆他人言行想法，性格扭曲的人。——译者注

这里我要说的不是在车上,而是打算稍事打个盹儿或者觉得必须打个盹儿的时候,睡魔的敌人——清醒魔(也许可以这样说)会跳将出来,口中喊着"且慢",并叫暂停。越是想睡,头脑中就越会出现各种各样难以解决的事情。

孩童时代,大人告诉我们数数,数不到100就能睡着。要是小孩的话,数到100清醒魔就会退去,但若是成年人,有时即使数到500,还是没有睡意。

某天晚上,我到了总是犯困的时间却完全没有睡意。书,我也在看,可人却一直清醒。如果这样下去,时间就太晚了,于是我合上书,开始数数。数到500也不行,数到800还是不行。于是我放弃魔法,发了一会儿呆,突然想明白了。

说来这是怎么回事呢?原来当晚我和久未谋面的朋友在饭店吃饭,之后喝了咖啡。满满一壶咖啡,每人各自足饮了3杯,聊了一些长久未叙的话题竟忘了时间。原来是因为咖啡!如此一来也是没有办法,那就再和清醒魔相处一会儿,心中刚刚下了这份决心,人就熟睡了过去。后来我问了朋友,发现他也是同样的遭遇,他笑着说想一早打电话和我说这件事来着。

姑且先说另一个话题，偶然的原因，我在半夜醒了过来。知道这样会影响明天工作，于是我试图赶快睡着，结果坏心眼的清醒魔开始为非作歹起来。

遭遇这种情况，严禁慌乱，可以稍稍学习一会儿，去翻平日里啃不动的书。这话并不是在敷衍，下定决心试着看书至少看上 10 页。清醒魔，它原本就是个懒汉，被这样痛打是敌不过的，必然会逃走。一般情况下在我读到二三十页时，丢下书，倒头就能睡着。

在这种时候，需要控制自己选择不看报纸和杂志。特别是报纸总也看不厌，让人感觉兴奋睡不着。自不必说新闻具有的刺激性，光是版面上摆放着各种各样的问题，就会让原本不看新闻就已涌出诸多杂念的大脑变得更加糟糕。

即便不是难啃的书，多次熟读的书籍也会为我们唱起摇篮曲。放心地去追看铅字，没多久你就会进入梦乡。

枕边书要么是硬壳的书，要么就放自己读过多次的爱读之书。枕边书太过有趣，会让人困扰。

07

搭配诗文的散步

散步的时候,应背诵古诗歌。

"紫茜围猎场,君马正徜徉。岂不虞人睹,君袖乃尔扬。"[1]

小声背诵两遍,喘一口气。

然后,转向:

"满山矮竹叶,簌簌作乱鸣,一路思妹子,别来心不宁。"[2]

同样重复两次。

最近每天早晨散步的时候,我都在背诵古诗和歌[3]。

---

[1] 该和歌出自日本奈良时代末期《万叶集》,作者额田王,日本7世纪左右伊贺出身的才女,美丽贤淑,多才多艺,是当时最负盛名的女歌人。《万叶集》收录了其三首长歌、九首短歌。——译者注
[2] 该和歌作者为柿本人麻吕(约660—约720),日本飞鸟时代的诗人,是一位才华横溢、热情奔放、具有浪漫情调的大诗人,在日本文学史上有着非常重要的地位,其在日本文学史上的地位大致相当于我国的杜甫、白居易。——译者注
[3] 和歌,日本的一种诗歌,由古代中国的乐府诗经过不断日本化发展而来。最初,日本的诗使用汉字书写,有的用汉字的意,有的用汉字的音,在此基础上产生了具有日本特点的诗。因为日本叫大和民族,加之写了诗要吟唱,所以便称为和歌。——译者注

原本我是选在夜深的时候散步，但从去年开始我决定在早晨散步。开始的契机是早上的体操——从早上6点半开始大约10分钟时间，在附近公园，七八十人参加的做体操活动。结束后，大家四散分开各自回家，但是我会从树林中间开始走起。

有时散步时也会思考一些问题，但是大多数时候，我只是呆呆地、茫然地走。今年早春的某一天，我和一个嘟嘟囔囔、自言自语的人在散步时擦肩而过。若放在平时，我会觉得可笑，但是那天不知什么原因，我不禁欣然微笑。发声是种运动，对健康也是有益的吧。

话虽这么说，自言自语也是不能轻易模仿的。对了！我想如果一边背诵著名的和歌一边散步如何？我迅速把文库本诗集装进口袋开始了我的散步。自己知道的和歌还好，但如果是不知道的就必须多次停下来看书。每次停下，散步的节奏就会被打乱。我尽量每天背诵一首新诗歌。原本我的记忆力就差，最初我想每次背诵三首，但是没有坚持下来。

后来，我开始尝试背诵英文诗歌。开始背诵14世纪英国诗人乔叟[1]的《坎特伯雷故事集》序曲。古今和歌之后再来一段中世纪的英文诗，和式、洋式两不误。因为这是600年前的英语，所以诗歌样式非常不一样。

"四月以清新的阵雨根除了三月的干旱，让每一寸土地沐浴在使花朵孕育、绽放的雨水之中。"

背出这样的语句，感觉自己仿佛游走在别样的世界。这首诗歌强弱音节交互排列，和步调搭配和谐。迈出左脚时读弱音，迈右脚时读强音，舒畅的节奏感包围着我的身心，让我倍感愉快。

原以为朗诵和歌时就不能和步调搭配，但是持续朗诵几首后，发现和步调也合得来。只不过比起英文诗，好像速度要稍稍缓慢一些。

按道理连接和歌，要在下面配上七五调的散文才行。如果是道行文[2]，在散步的情况下也是合适的。起初，我选

---

[1] 杰弗雷·乔叟（Geoffrey Chaucer, 1343—1400），英国小说家、诗人，主要作品有小说集《坎特伯雷故事集》。——译者注
[2] 一种韵文体旅行记。——译者注

择了中学时期背诵的《太平记》[1]中俊基朝臣[2]再下关东的桥段。

> 踌躇忍踏落花雪，片野春樱舞。
> 着红叶锦衣归返，岚山秋之暮。
> 纵一夜风雅旅宿，难割魂绕处⋯⋯

过了几十年，我仍然对此记忆犹新。我很怀念让我们背诵诗词的老师，这样的诗文应该多背诵些才好。

一时间我忘乎所以，不由得声音也高亢了起来，如果让擦肩而过的人感觉太过奇怪就不好了。看，对面来人了！"心念他乡糟糠妻，难舍恩爱契"，我放低声音，让对方先行走了过去。

---

1 《太平记》是日本古典文学之一，全40卷，以日本南北朝时代为背景，记录了从后醍醐天皇即位、镰仓幕府灭亡、建武新政和崩坏后的南北朝分裂、观应之扰乱，到二代将军足利义诠死去和细川赖之管领就任为止，1318年（文保二年）到1368年（贞治六年）约50年间的军记物语。——译者注

2 朝臣，原日本姓氏之一，此处是在四位官人名下附着的敬称。文中的俊基是指日野俊基，而此处的道行文原文被誉为七五调（7音、5音反复）道行文的杰作。——译者注

08

〔 享受病愈的过程 〕

虽然感觉随着年纪的增长,
身体自然而然变得越来越弱,
但我们还是应该品味感冒痊愈后
那种充满朝气、充满希望的感觉。

无论我多么注意，冬天都会感冒一两次。不过，一上年纪，或许是因为久经世故的原因吧，觉得老人不会像孩子那般经常感冒。我想起家里有超过90岁老人的人曾经感叹过，家里所有成员都感冒了，而年过九旬的老人竟安然无恙。我想，或许是从感冒中毕业了吧。不过，老人一旦感冒就会很麻烦。

自古就有说法：感冒是百病之源，不可掉以轻心。这么想着，感冒了就赶紧去看医生，吃药，老老实实地躺下。这样一来，感冒应该就可以很快治愈了吧。但是结果却相反，感冒会越来越严重，真是不可思议，甚至还会有不发展到一定程度决不罢休的感觉。

在对付感冒经验尚浅的时候，觉得感冒总不见好，如果我们感到着急、焦虑的话，那么就从心理上败给感冒了。虽然感冒不是什么好的相处对象，但如果得了，我们要有心理准备和它相处一段时日。不论发生何事，都不要吵架。

得了感冒也是没办法的事，不如干脆静养。躺下来，各种各样的事情浮现在脑海，我们可以进行自我反省：我最近稍稍有点勉强自己了啊；那里那么做是不对的；虽然身体感觉有点难受，但我没在意还继续拼命，当时该早点休息就好了。无视身体传来的信号，人才最终倒下了。

与此同时，无论我们多么注意，感冒该得的时候还是会得。甚至有时会让人产生开悟的感觉，认为如果偶尔不感冒一下就不像真正的人。总之呢，静静躺下来，才是好的休养。

我们可以趁此机会慢慢地品读想看却一直没能看的书。我感觉这时头脑的功能好像比平日更好，书的内容可以流畅地进入大脑里，有时还会沉迷书中不能自拔。这样一来，书会在头脑中留下深刻的印象，这真是很奇妙。

仅仅是看书还不能让人满足。曾经，我像小乌龟一样肚子贴在地板上写东西，可以说达到了三上的境界：枕上、鞍上、厕上。即使是患了感冒，枕上执笔写字也无坏处。这是我自己胡乱地创造出的理论，但有时听到专家说趴着写字，会损坏腰部骨骼，我感到害怕就不再这样了。

今年的感冒是恶性的，总也不见好，让人感到十分苦恼。但是，不论是怎样的感冒，都非不治之症，总会治愈，总会好起来，这样就很好了。

人的那种趋于康复时的心情无法用语言言明，很是特别。经历了数日心里没底的感觉后，好像乌云中透出的阳光一般，心情变得晴朗、明亮起来。不久后，蔚蓝天空不断扩大，情绪变得高涨，简直有种风雨过后仰望晴空的感觉。于是我们会回看反省，发现平日自己不知不觉中过的每一天竟是灰色的。

生病后恢复的不仅是身体，我们的精神也获得了巨大的活力，会涌出鼓励自己的勇气："来呀，拿出精神来，向前走吧。"虽然感觉随着年龄的增长，身体自然而然变得越来越弱，但我们还是应该品味感冒康复后那种充满朝气、满怀希望的感觉。

得了感冒，人不会高兴。也并非不想得感冒，但是能从感冒那里得到这样的临别礼物，也未必不好。

感冒，你想来，就来吧！

09

[疼痛是不可或缺的经历]

头痛也能成为老师,
让我们发现自己不够成熟的老师。

学校办公室让我重新拍张X光片，好像因为之前的影像有些问题。要说到底是什么问题，电话中听不太清，但我能猜出大概。我马上就明白了，应该是那么回事吧。

原来前些天，我接受了学校的定期体检，拍摄X光片的时候，被告知要采取惯用的两手手掌贴着后腰的姿势，在我正打算摆姿势时，右手突然跳起来般钻心地疼。"不行了"，我缩回了疼痛的右手，告诉工作人员手疼不能拍了。工作人员的回答，我不记得了。最终我采取了马马虎虎的姿势进行拍摄。如果说片子不行，只会让我感觉惭愧不好意思，但电话再一次让我想起了那时疼痛的感觉。

从今年夏天开始我的右臂出现了问题。不过最开始时，是在向后上方转动胳膊，或往后背伸的时候，右臂才会产生刺痛，其他部位则完全没有问题。我并没太在意，结果渐渐疼痛部位开始扩大，入秋时我终于彻悟，这就是迟来的五十臂[1]。

手臂向前伸展可以，但是向后回环不行。向下可以，但是向上就困难。我对车票自动售卖机的高投入口充满怨气，觉得这些设置没有同情心。如若决定尽可能不使用右手，那样下去的话它就永远不会好起来，于是我忍着疼痛强制自己用右臂做各种事情。这话说得清醒，但是在心里也明白自己在行动上渐渐变得胆小害怕起来。

或者那真的行不通吧。

前些日子，在登一段光线不足的台阶时，我以为已经没有台阶了，伸出脚却碰到了最后一阶，结果绊倒了。事发突然，我瞬间伸出右手支撑住了身体。疼痛的胳膊支撑住了整个身体，因此疼得更加难以忍受，像木棒一样麻木。

我不由得发出悲惨的叫声。然后我前后左右看了一圈，所幸一个人都没有。不知是不是因为没人就感到放心了的缘故，我吃惊地发现自己又发出了两三声惨叫，

---

[1] 中日两国都有"五十肩"的说法。肩关节周围炎简称肩周炎，俗称凝肩、五十肩。肩关节周围炎是以肩关节疼痛和活动不便为主要症状的常见病症。本病多发于50岁左右，女性发病率略高于男性，多见于体力劳动者。此处作者套用发病年龄说成"五十臂"。——译者注

然后是片刻的茫然。我站在原地,等待急促的呼吸和疼痛的感觉消失。到目前为止,这么疼的感觉在我的记忆中是没有过的。

我对别人讲起这件事时,有人安慰我说,疼痛之后就会慢慢好起来。感觉疼痛的时候,就是病痛霍然痊愈的开始。是真的吗?或许是真的,我也希望是真的。

第二天早晨睁开眼睛,我试着轻轻活动有问题的胳膊,依然很疼。唉,难道还要继续和它相处下去吗?这种疼痛也会因人而异,出现得有早有晚吗?看到有人说到四十臂,性急的人一定早就有过那种经历。一般有五十肩、五十臂的说法,"五十"是这种病多发的年龄段吗?万万没想到自己也会这样,但是据观察,疼痛之后从中毕业的人不在少数。

我在50多岁时,没有特别的感觉,现在它姗姗来迟,是因为血液循环不畅吗?总之,人不能永葆青春,我试着将这些看作上天的声音,但是每天遭受多次的痛苦确实不好受。

我好像凡事都比别人迟一些。自打出生到50多岁从不知道什么是牙疼，内心正暗自得意时，牙就和别人一样疼了起来。可能是近视的原因吧，我没有老花眼。不仅如此，近视的度数还在加深。虽说近视不是好事，但这个年龄度数加深说明身体状况还好。

余下的就剩头疼了，这一项我还一次也未曾经历过，头疼只是我在作比喻的时候用过。这么说来，未经历疼痛也可以说是作为人的一种缺陷。不过，即使不担心，在不远的将来我也会头疼吧。总之，我还是不成熟啊。

10

〚 有时意识也会骗人 〛

很意外,人的意识,有时不可靠。

医生又说"请面向这边"。我正躺在牙科医院的诊疗台上，原本是必须面向医生的，但是不知什么时候就转向了相反的方向。我自己毫无意识，每次被医生提醒都感到不好意思，但是过了不一会儿，又转向另外的方向。连我自己都感到很奇怪。

这是我近年来的烦恼，牙齿的治疗一拖再拖，终于到了不治不行的地步。之前之所以搁置不治，无非是我胆小害怕，欠缺面对医生的勇气这样不像样的原因，我自己也倍感丢人。我曾自欺欺人地说过一阵子就去看医生，但"过一阵子"这样的时间永远也不会到来。

被逼得走投无路时，我逢人便问哪里有什么名医推荐。如果治疗得太疼，自己也受不了。医术高明自不消说，最好不需要经常去，我希望一下子就能治好，但心里某种程度上也觉得那样的医生不可能存在。即使牙疼到了这种程度，我还在因为没有满足这种条件的医生而将治疗一再往后，能拖一天是一天，就是这种心理在作祟。

然而,有人告诉我确实有这样的牙科医生存在,只是需要坐两小时的特快火车。这岂止是稍远,简直是相当远,不过这个时代,距离的远近不是问题。俗话说得好,有情千里不嫌远,我把这看作一种缘分,决定去看这位医生。由于没出息、没有勇气面对困难,我对于介绍人的这种并非声援的支持,还是摇摆不定。

第一次去的时候,我一下子拔掉了好多颗牙齿,但不疼。牙槽也不疼,神经也挑掉了,完全没有问题。我暗自后悔如果是这样,为什么不早一点处理呢?

第二次去的时候,医生夸奖我之前拔牙后的伤口愈合得和年轻人一样好,他不知道这一句话给患者带来了多大的鼓励啊。我也因此更加信赖这位医生,觉得如果是这位医生,怎么治疗都是没有问题的。于是,这次被医生夸赞"您的忍耐力真强啊",还跟我讲有的人原本没多痛却要夸张地摆出痛苦的表情,导致治疗速度变慢,医生说这些是为了给我这个懦弱的家伙力量吧?我哪有什么忍耐力,但是医生这样说,我依然很高兴。

这位医生就是这样给我治疗的。我本应该将自己完全托付于医生的，但在心底的某个角落，还是有小鬼叫嚷着说不行、不愿意，一定是它在不知不觉中把脸转向了别的方向，让我条件反射似的做了自己意想不到的事情。

有人离开常年工作的职位后开始新的工作，早晨上班出门时，必须从家门口向左走，但是他却和以往一样开始向右走。这样重复好多次，连他自己也不由得苦笑。有时我会在白天走进只有夜晚才使用的房间，虽然知道没必要开灯，但还是会推上开关，随即又慌忙关掉。离开时，想把原本就关着的灯再次关掉，反而开了灯。下公交车时，我会不自觉地找车票，然后意识到自己在上车时已经付了钱，感觉稍稍有些尴尬。有位老妇人在战争中因为总要排队买东西，所以一看到有人排队，就会不自觉地站到队伍的最后，终于轮到自己时，才意识到自己家里不需要购买这种东西。据说她经历了好多次这样的失败后，看到队伍依然想去排队。我觉得人类的意识世界很奇怪，有很多靠不住的地方。

我这么思考着，听到医生笑着说道："今天就到这里吧。"

/ 11 /

出行无须多带行李

如果手是脚演化而来的产物,
那么手上悬挂着大东西是
多么不合道理的事情啊。

大家商量一起吃了饭再回去，人们纷纷各自回房间，收拾了一下来到大厅集合。每个人手中都拿着看起来很重的包，只有我什么都没拿，我把所有行李都放在房间里了。有毒舌的人说道："什么呀，你跟个游手好闲的人一样。你的行李呢？"

好不容易去吃美食，手上却要带很多东西，着实无趣。我也不是没有想带回去的东西，只是我不愿随身带出来。因为这事被人非难，亦非我愿。东西向下垂着，看起来不好看，不知游手好闲的人是否具有这样的美学知识。姑且不谈这些，带着太多东西四处走看起来太庸俗。不过，游手好闲的人是怎样的我不得而知，但我确实记得有过这样一次经历。

和关系亲近的人去旅行，在集合地点碰面时好像商量好了似的，大家都带着大旅行箱。这只不过是两天一夜的旅行而已啊，为什么要带这么大件的行李呢？我难以知晓他们的动机。我只是在票夹子里放上手绢和手纸，原本这些也可以放到口袋里，不过口袋过于鼓胀也不好看吧，于是我把这些放到极薄的手袋里就出来了。手袋差不多是中空的，大概能容得下一只手指头的活动空间。

同行中的一个人用奇怪的表情问道："你的行李呢？"好像是担心我把行李忘到了哪里似的。我回答说："不用担心，我就这些行李。"对方或许认为这是我对他手拎大行李的讽刺，又或许是受不了我的险恶用心，脸色一沉，走开了。为什么人们要这样带着行李四处行走呢？

我深知手持重物，不仅看起来不美，还会妨碍身体活动。如果感觉身体稍稍不对劲，再拿着大行李行走，之后身体不适就会变得更加严重。我有过多次这样的经验，于是之后尽可能不带行李出行了。之所以有人像搬运工那样满不在乎地带着行李行走，是因为他们没有因此搞坏过身体吧？

我认为人类的手原本是用于行走的，但不知是因为退化还是进化，才开始离开地面。现在人们走路时要前后摆手，一定是之前遗留下来的影响。自不必想，如果手是脚演化而来的，那么让手上挂着沉重的、大大的东西，是多么违反常理啊。

最近，年轻人和女性群体流行背小型背包，从上面的理论出发是非常合理的。但佩服归佩服，要我去模仿他们还是需要勇气的。

当然，我不是那种要有人帮忙拿包的身份，还是尽可能不带包出行最省事。有了这种想法，大多数时候我都不带包了。

旅行归来的人两手都塞满了行李，好像其中大部分是各种礼品。我无论去哪里都不买礼物，必须送的时候才送，然后挥着大手回来。不知道别人的想法，如果有人即便我说这礼物会成为负担，却还要给我礼物，我是很想哭的。

12

〚 收信与回信都充满乐趣 〛

谚语说得好"无信知平安",
但既然对方画了庭院里的桔梗花寄了过来,
那么我就片刻地陶醉在画作当中吧。

在家的日子里，我十分期待邮件的到来。邮件就快到的时候，我会将注意力转向玄关侧面的邮筒附近。听到"喀哒"一声响：来啦！于是我赶快走过去看。有时我也会幻听，但并不觉得懊恼。听到类似邮递员自行车轮的声音越行越近，我会放下工作来到门口，直接接收邮件。

我并非在等待什么特别的好消息，一般寄来的都是些广告之类的，但即使是这些，我也觉得很好。封口的书信和明信片等夹在大型邮寄物品的中间，让人格外怜爱。星期天没有邮件，所以我感觉很无聊。

我把邮件分为不必看的、想看的杂志和书籍、要私信回复的、关于工作的联络函等，也很有趣。信封上预先写着"平信"的普通信件，是我最想放到最后细细品读的信件，虽说信中并无特别的事，但是平信最令人心动。

一位老教师写来平信告诉我，我的恩师过去参加长期研修班时的逸事，据说每周末恩师都要从东京回到大阪自己的家中，这件事被大家广为称赞。这位老教师在读到我写的有关今年春天故去的恩师的文章后，回忆起恩师生前的事情来。虽然信上写着不必回复，但我还是迅速地写了回信，同时还给居住在大阪依然健在的师母写信，告知她这件趣事。

关西报社的工作人员寄来的快件是询问信函。我在直播时说到了 island form[1] 这个词汇，那位工作人员写的稿件中涉及这个内容，并需要将之发表出来。有熟人提醒他该是 Ireland form（爱尔兰样式）。信中顺便讨论了是 island 还是 Ireland 的问题，这个也必须尽快回复。

有几个人总会给我写信或寄明信片，只看字我便知道是谁寄来的，这些多数是平信。谚语说得好"无信知平安"，但既然对方画了庭院里的桔梗花寄了过来，那么我就片刻地陶醉在画作当中吧。

收到信让人感觉十分高兴，相应地也必须做些事。不要想着回头再回复，可能的话，当场做出回复。关于

---

[1] 意思是"岛屿样式"，按照原文此处应是作者做直播时的口误。——译者注

是否出席聚会等问题，即使想再久也不会生出什么变化，于是我会马上确定是否出席，把回复的明信片寄出。好多次对方都说我的明信片是最先到的。停下手头工作去看邮件，有时会将回复推后，但是我都会在当天写回信。今日事今日毕，是我的座右铭。太忙而不能打开成捆的邮件，一边斜眼看着邮件一边工作也不坏。工作结束后还有书信等着我，这么想着，我就有了干劲儿。

收到礼物，即便是亲近的人我也不会打电话致谢，可能的话我会写信致谢。如果是极其不需要客气的对象，我会用明信片回复。要写很有礼貌的谢词时，我会用毛笔在公文用卷纸[1]上书写回信。很遗憾我的字写得不好，但偶尔研墨写写毛笔字感觉也不坏。裁纸时使用剪子或小刀可能不太风雅，以前是折叠后瞄准折痕再往回拽。如果做得好，站着就能裁好。有人来打听为什么我能写出纸面大小的字，也有人问那种纸的裁剪方式。我是用未蘸墨的笔蘸满水后画上线来裁的。

---

[1] 卷纸是把对开裁纸横向长长地连着卷起来的纸，用于写毛笔书信。——译者注

13

距离产生美

父亲的作品很难感动儿子或者女儿。历史也是,人们了解百年前的事更胜于了解现代的事。离得越近反而越不了解。

刚刚成为教师的青年人:"很巧,我好像可以租到学校附近的房子。"

前辈:"这我不太赞成。可能的话,还是尽量住得离学校远一些。"

青年教师:"为什么?我不太懂您的意思。"

前辈:"如果住在近处,平日里的样子可能会被学生看见。教师也是人,不全是优点,孩子们会在不知不觉中感到幻灭。如果住在相邻的街区,就不会有这样的担心。"

青年教师:"您的意思是说要变得伪善吗?"

前辈:"不是伪善,我说的是教育者和学习者之间需要距离。虽说身为教师,也未必那么出色,但我们能做身为父母、兄弟不能做的事也是因为距离。经常有在学校上课出色的老师,在家里辅导自己孩子功课时,总是发火,完全没办法辅导下去,就是因为距离太近了。"

青年教师:"是那么回事吗?"

前辈:"说点别的故事吧。编辑到某位漫画家那里去取稿,但画作还没有画完。漫画家让对方等待一会儿,在编辑的面前开始画,不一会儿就完成了。看着画作完成的编辑,觉得怎么这么简单就画完,原以为很难。此后,这位漫画家的威信就大幅下降了。漫画家至今还在后悔当时应该到别的房间画。"

青年教师:"让别人看到幕后就坏了啊!"

前辈:"'人很难影响近处的人'。父亲写的作品难以感动儿子和女儿,爱读父亲书籍的人是不知何处的陌生的读者。历史也是,比起现代,人们更了解百年前,离得近反而不懂。"

青年教师:"谈的问题越来越宏大啦。"

前辈:"由执行董事来写公司董事长的传记,也没有成功的先例。由亲近的人写传记也是一样。太过于了解对方并不好。"

青年教师:"为什么不能成功呢?"

前辈："这也是事物的有趣之处。开车时，需要特别强调保持车距，人与人之间也是如此。'人间'的距离一旦压缩，就看不到重要的事情了。父母与子女是最近的关系，父母认为对自己的孩子都很了解，但实际上，孩子身上就连外人都能看见的问题父母却看不到，也就是所谓的'因是自己的孩子而失去判断力的父母心'。"

青年教师："果然还是距离产生的问题吗？"

前辈："因此，古人教育我们说'退后三尺不踏师影'。"

青年教师："现如今这种古老的说法不适用了吧？"

前辈："这并不是说要没头没脑地尊敬老师，而是教育我们如果不保持适当的师徒距离，教学效果就难以提高。住在相邻的街区不是从学生角度说起，而是从教师角度说要保持距离。"

青年教师："我好像越来越感觉真是那么回事了。"

前辈："西方有句谚语叫'仆人眼里无英雄'。身边的英雄不是英雄。蒙田[1]的《随笔集》中写了拥有'无与伦比的肉体美'的马克西米利安一世[2],无论怎样亲近的仆从,他都不允许看到他如厕的样子。不仅如此,他还在遗书中命令仆从,如果自己死了要给他穿上裤子。他之所以被认为'肉体美',或许也是他顾及这些的缘故吧。"

老教师的话就是长,没个停顿,咱们就写到这里吧。

---

[1] 米歇尔·德·蒙田(Michel de Montaigne, 1533—1592),文艺复兴时期法国思想家、作家、怀疑论者。阅历广博,思路开阔,行文无拘无束,其散文对弗朗西斯·培根、莎士比亚等影响颇大,被人们视为写随笔的巨匠。他的《随笔集》(*Essais*,也叫《尝试集》)三卷留名后世,位列世界文学经典。——译者注

[2] 马克西米利安一世(Maximilian I, 1459.3.22—1519.1.12),神圣罗马帝国皇帝(Kaiser),罗马人民的国王,奥地利大公(1493—1519),也被称作"马克西米利安大帝",是哈布斯堡王朝鼎盛时期的奠基者。马克西米利安通过自己和子女的婚姻,使孙子成功获得西班牙这个殖民帝国王位,再加上神圣罗马帝国与低地,使查理五世成为欧洲的霸主,更令哈布斯堡王朝成为"日不落帝国"。——译者注

14

保留幻想中的美

所谓百闻不如一见，
是想象力衰退的人想出来的说法。

英国的周刊杂志讨论过在书上印作者照片的问题。结果，人们感觉读书时想象的作者形象和照片上的形象有时差异很大。最终讨论得出的结论是，难得积累的读后好感因为照片而遭破坏，这是非常愚蠢的。

"看完名著想要见见作者"，欧洲就有这种说法。即使不是名著，只要有机会，就想见见书的作者，有这种想法的人不在少数，却不会因为打扰到忙碌的人而感到不好意思。见到作者会产生幻灭感，这种忠告也是出于重视书籍本身形象的考虑。所谓百闻不如一见，是想象力衰退的人想出来的说法。

初次会面的人通常会问我："您经常去国外吧？"每次被问起时，我都会心情沉重，觉得"又来了"。谁让我当英语老师呢，被这么问也不该有怨言的。

爽快地敢于说出真话"实际上，我一次也没有去过"也没什么，实际上，我大多数时候也是这么做的。但是我一旦这样说，对方会仓皇失措，接不上话茬。看着对方，我会觉得过意不去，因此我会对回答的方式加以注意。

最近人们能够轻松地去往外国。前几天我看到"日元升值万岁"的字眼，不知所为何事，近前发现上面写着这是海外旅行的绝佳机会。我感觉这种说法有些卑鄙，想必扎堆旅行也会很拥挤混乱吧。在这种情况下，即使有事我也不想出去。

对于某些追问"为什么您不去呢？"的对象，我准备了煞有介事的备用解释：因为我是在战争时期学习的英语，当时想去而不能去，从最开始就没想过要踏上外国的土地。不过，如今这种台词好像行不通了，因为不想去就不去了这种说法虽然很爽快，但有可能被认为为人骄傲自大。

作为《源氏物语》的英文译者而著名的亚瑟·威利[1]生前多次收到邀请，但最终也没有来到日本，来到东洋。他坚决地说道："谢谢你们的好意，但是我爱的是书中的

---

[1] 亚瑟·威利（Arthur Waley），英国著名汉学家、文学翻译家，有部分德国血统。他自幼聪颖过人，酷爱语言和文学。1903 年，他在英国著名的拉格比学校读书，因古典文学成绩优异而获得剑桥大学皇家学院的奖学金。他坚持不懈地研究东方学与中国学，致力于把中国古典名著翻译成英文。——译者注

东洋和日本。我不忍心在接触现实中的样子时破坏掉幻想中的美。"因为不想去而不去，不愧是大家啊。

只要书上印有作者的照片就会成为阻碍，头脑中展开的幻想世界会因为现实被轻而易举地破坏掉。之所以说这样让人感觉为难，并不是因为单纯的感伤和逃避现实。

在这一观点上威利老师有位前辈，是法国的保尔·瓦雷里[1]。据说他对东洋（日本）怀有强烈的憧憬，但是他说前往东洋（日本）美梦会醒，还是不去为好，所以没有去。如果人们想留有自己的幻想，就不要去。

对那些认为身为英语教师却一次都没有去过外国实在不妥的人说，我在效仿威利先生和瓦雷里先生的做法，听起来很冠冕堂皇，但是有点夸张过度，我感到有些难为情。

现在能去了，却没有必须去的情理，如果不能去的时候该怎么办才好呢？即使是《源氏物语》的研究专家

---

1 保尔·瓦雷里（Paul Valery，1871.10.30—1945.7.20），法国象征派诗人，法兰西学院院士，著有《旧诗稿》（1890—1900）、《年轻的命运女神》（1917）、《幻美集》（1922）等。——译者注

也不能回到平安王朝[1]吧。

我不去外国没什么原因，因为我很懒，由着性子不爱动，连国内旅行都是能免则免。就这样不去外国，却感觉自己去了比那更遥远的地方。

---

[1] 平安王朝是以平安京（京都）为都城的历史时代，始于794年（延历13年，也有许多国际和日本的权威历史学家认为应是784年天皇降旨宣布迁都为平安朝的初始时间）桓武天皇迁都平安京，终于1192年7月镰仓幕府正式成立，历经400年，平安朝的其他官方正式称呼有"平安时代""平安京时代""平安京时期""平安时期""平安王朝"等。——译者注

PART 2

品味心情的变化

日常的重复
也是宝贵的课程

01

⟦ 表达心意比赠送礼物更重要 ⟧

最让人高兴的礼物是善意。
没有比心意更好的礼物了。

A是学校的老师，旁边住着一位美国人B，两人关系亲近。A家有客人来访时，车没有地方停，而B家有空地，来到A家的客人，有时就把车停在B家的空地上。某一次，A所在学校的校长来到A家。由于事先被告知要把车停在B家的院子前，校长想向B表达感谢之情，就带来了一箱草莓。临走前，校长说这是给B的，就回去了。

A去了B的家，说明事情缘由后想把草莓递给B，结果B很少见地提高了嗓门说"我不能收"。为什么校长要给我草莓？他是种草莓的吗？还是觉得我喜欢草莓才带来的呢……

A说明这是校长表达感谢的心意，结果B却很不满地说："如果是那样，为什么他本人不来对我说一句谢谢？那样的话我们有可能成为朋友……"

这是在某位旅日美国人的著书中读到的趣事。读完之后，我不禁思考起礼物文化的差异。校长做的，我们也在这么做，并不觉得有什么不合理的地方。但是，美国人不把礼物当作好意，觉得比起送礼物，表达感谢和谢意的语言更难得。经过这么一说，我不禁反省，我们不正是只埋头于赠送物品，而疏于表达自己的心意吗？

想来，人们赠送别人礼物时，好像多数是从自己的情况方便与否出发。当然，也并非不会左思右想，但即使考虑对方是否喜欢，也很难送出特别好的礼物。有时觉得这个礼物应该可以，就送给对方，别人也这样想，结果送了同样的东西，得到礼物的一方无疑会失望叹气。

曾经有一阵子流行结婚时给新人赠送红茶套装，新婚家庭都是成套的物品，不知如何处理。终于，人们明白了这样不好，不再送物品开始包红包了，现在基本上都这么做。如果是礼金，即使重复了也不必担心，只要有钱就能买自己喜欢的东西。这算是考虑到收礼人具体情况而送出的礼物吧。不过，现金贺礼又太"现金"了，让人茫茫然若有所思，感觉没有用心，这也是无可奈何的事情了。

试想收到礼物的人，得到什么会非常高兴呢？虽然我们不是刚刚提到的美国人，但最终得出的结论是比起东西，更重要的是感情、心意和善意。没有比心意更好的礼物了。

尤其是赞赏的语言更为难得。我在演讲后，经常会因为没有讲出自己想要讲的话而情绪低落。这时，即使得到鲜花我也不会高兴，从演讲台上走下来，如果有人夸奖我一句"您的演讲很有趣啊"，哪怕是奉承话，我的疲劳感也会烟消云散，心情雀跃起来。

即使是日常的赠答，实质也是向对方表达好意，然后稍稍加上些物品，增添情趣。有时即使没有礼物，我也想得到温暖的话语。这是年龄大了的缘故吗？

/ 02 /

与陌生人的肢体接触

日本人讨厌与熟人之间的肢体接触，
却与素不相识的人进行肢体接触
而面不改色，这是怎么回事呢？

走在狭窄的道路上，对面有人走来，想要避让，结果对方也往相同的方向避让。啊，不行，于是偏向相反的方向，对方也转向相反的方向，两个人又差一点撞个满怀。最后，两人相互微笑着擦肩而过。这种情况我们经常遇到。

在海上，两艘船出现碰撞危险时，规定看到对方在右的船只具有回避义务。即便如此，还是不能杜绝船只碰撞事故，或许是因为很多时候难以顺利做到避让吧。总之，海上交通有它自己的规则，但是步行者之间没有相互约定，想要避开却迎面碰上。听说美国人碰到这种情况，会稍稍用视线示意，就能向对方说明我走这边，这样就能避免碰撞。

日本人曾经也有很好的规则。当江户[1]还是世界首屈一指的大都市时，马路上十分拥挤，即使相互碰到也是有的，但用力相撞还是不行的。不过市民们深得避开碰撞的要领。擦肩而过的时候，将靠近对方一侧的肩膀向后撤，这样就能顺利通过，这种做法叫江户做派。果然是世界级的大都市。但现在的东京却没有东京做派。

即使头碰头仍然有其可爱之处。没趣的是那些完全不想避让，向前猛冲而来的步行者。带着有棱角的提包或者镶有五金配件的皮包，不管你讨厌与否，皮包都会让人厌恶地撞过来。虽然说一句不好意思，就能让人心情平复，可对方却是一副"你蠢蠢地走路在那看什么呢"的表情，撞完后扬长而去，所以我会回过头去瞪着他们那令人讨厌的背影。最近走路也不是件轻松的事了。

来到日本的外国人被碰撞后非常吃惊。某位美国人的书中写道：日本人一般不喜欢被对方触碰。即使是两

---

[1] 江户，12世纪初豪族江户氏的居城。天正十八年（1590年），德川家康入封关东，以江户为居城，江户城开始繁荣起来。庆长八年（1603年），家康在江户开设了历时200多年的德川幕府，江户成为全国政治、经济中心，最终形成了现在的东京都。日本江户城遗址位于东京都中心千代田区，被日本政府指定为国家的"特别史迹"。1868年改名东京。——译者注

个美国人，在手搭肩膀的时候也会尽可能地不碰对方。但是在日本短暂生活后，却陷入了肢体接触饥渴。这位美国人问道：虽然不喜欢与熟人发生肢体接触，但日本人却能频繁地和素不相识的人碰撞而毫不介意，这是怎么回事？

即使道路并不拥挤，日本人也会靠近对方碰撞而去，完全不懂他们到底在想什么。下面是另外一位美国人做的一个实验，在广阔的车站中央大厅，让数个学生站在离人流稍远的地方各自读书。根据这些学生的报告反馈发现，虽然站在人不怎么经过的地方，也有路人故意走近，和他们接触后离开。当然，这些路人什么都没说就离开了。进行实验的美国人担心有可能发生什么纠纷，如果是美国人遇到了这样的事，绝对不会善罢甘休。

日本早晚上下班高峰期的交通工具里拥挤不堪，人们你推我搡。每天都与素不相识的人发生肢体接触，这种体验变得习以为常。如果有人在，却要保持较远的距离，内心就会感到不安，或许是患上了日式的接触饥渴症。这种人，如果有人在，便会不加避让，仿佛被吸引似的去和人肢体接触。

03

> **喜欢用年轻时的肖像**

使用老照片是想看起来显年轻而故意为之吧,
对于这种类似于谴责的想法,
我感到十分惊慌失措,逐一解释又很麻烦,
就听之任之吧。

我在杂志上读到了关于诗人老 N 的文章。虽然不该亲密地称呼他老 N，但是在他生前我曾亲聆雅教，关系密切，渐渐成了口头禅，所以请允许我这样称呼他。文章旁有他的照片，大概是 30 岁，一副英姿飒爽青年诗人的样子。

我认识老 N 时他已 60 多岁，银发刚刚开始炫目，而照片里的他头发漆黑，感觉像另一个人。说到这里，我想起几个月前，在别的地方看到了和这张很像的照片，或许这是老 N 的代表照片。如果是能留名青史的人，也可以不用"近照"，只要选择一张最能代表其一生的肖像照，让后世之人记得，就不会产生不和谐之感。

但如果是仍然在世的人，用了几十年前的照片，那么即使是他的拥趸也会觉得不妥吧。去世了，即使不用近照也可以，这多少让人羡慕。之所以这么说，无非是我因为肖像照片有过烦恼。

一旦写了文章，编辑就会借一张肖像照。因为是照片，也不能找人代替。我本想求放过，不过编辑的话不容商量。我觉得口头上不好说出口，于是在照片后面写上"用完后烦请还给我"。即便如此，多数时候也不会还给我。想象自己的脸被印刷厂丢在角落，没多久掉落在地上被人踩，最终成为垃圾，我的内心并不愉快。偶尔，有人用挂号信把照片寄回来，我会觉得对方真是好人，对于对方的关照由衷感动。

我的性格原本就讨厌拍照片和去理发店，不剃头不行，但不拍照片我们是可以生活的。拍照的人说照片洗出来就给送过来，我手里只存有少量的照片。如果这些照片借出去而不还回来的话，我手上的照片就会变少。最后，手里剩下的照片极其不好，无法使用。于是没办法，我决定使用不久前拍摄的、感觉能看得上的照片。

我呢，觉得肖像照片本无所谓。我也忘了是什么时候拍摄的，自己并未留意，觉得这没关系，但是零星听到编辑说照片太旧了。当我满不在乎地准备置若罔闻时，就会有亲切的人现身告诉我换成新照片比较好。之所以使用老照片，是想看起来显年轻而故意为之吧，对于这种类似于谴责的想法，我感到十分惊慌失措，逐一解释又很麻烦，就听之任之吧。如果有人那么想，那就想吧。

看到老N年轻时期的照片，我再次感到能够如此真是让人痛快。但是，死后能够像他这样超越年龄，也并不是任何人都能做到。我呢，终归是活着，年龄又不断增长，手里的照片慢慢只剩下年轻时的照片。

不拍照片是不行的吧。如果拍，以我一直以来的悲惨经验来看，没有人能保证一定得到满意的照片。想把照片拍得和本尊一样好，这原本也是错的，会被人说自以为是也要适可而止为好。于是拍照片也成了不知多久之后的事了。

04

〖 人人都有逆反心理 〗

我们彼此都是天性逆反的
天邪鬼变成的。

有时我会邀请朋友一起做某事。我非常有干劲，但是对方却兴趣索然，无论怎么劝说，都是一副不感兴趣的样子。

过了一会儿，我觉得太费事，无所谓了，便仿佛自言自语般说道："这件事，算什么呀，还是放弃吧。"一直脸色阴沉的朋友眼睛好像瞬间亮了起来，他的话也让人十分意外：

"不放弃也可以啊。好不容易想到的……"

但不可思议的是，对方这么说，反而非常不巧，这次是我突然不想做了。然后两人成反差，朋友简直到了固执的状态，开始变得积极起来。

像打水桶一样，一边向上，另一边就下降，世界不会如人所愿。总而言之，我们彼此都是天性逆反的天邪鬼。不够诚挚，想要违背潮流，也就是所谓的鲤鱼跃龙门。也许鲤鱼也和人相似，是由天邪鬼变成的吧？

正月有很多朋友来访，大家都是一同研究外语和外国文学的伙伴。我忘记了具体是因为什么契机，大家谈起各自的出生地，得知全部是出生在和大城市无缘的小地方，非常有意思。

各自的家乡是否草木深深，我们不得而知，但总之都是在农村长大的。没有同情心的人可能会想：出生在偏僻的地方，却学习什么外国的东西……但实际情况却是正因为大家在山里长大，才更加憧憬外国吧。如果是在繁华都市长大的人，必定会被民俗学之类的吸引。总之，这都是天邪鬼干的好事。

最近，全日本的农村都快消失了，像我们这样憧憬外国美好生活的年轻人也会变少吧。我感觉已经能够看得到变化的苗头了。

那些还记得战争时期学校组建科学尖子生班的人已经越来越少了。因为处于战争期间，当局认为有必要提升科学技术，培养优秀的科学人才是国家的紧要任务，因此才开始精英教育。

尖子生班从小学开始重点讲授算数和理科，成了当时的话题。不知道要成为独当一面的科学家需要多少年，但是在战局已经陷入不利的时候，制订这么远大的计划，不得不让人佩服。话虽如此，但这也让人觉得是临阵磨枪，开始反思教育问题。

在这里我要说的并非这个问题，而是这个科学尖子生班里的尖子生们在那之后是否如人们期待的成了科学家。我并未进行详细的调查，只是汇总了从别人那里听来的消息。或许其中会有错，我必须提前声明。据说他们大部分人在大学阶段都进入了文科系部。

难得接受了以理、数为主的英才教育，却没有走向自然科学的道路，而选择了别的课程。这个过程中，虽说受到战败投降这种大变动的影响，但也有些讽刺。最近人们经常提到早期教育，但如果搞不好的话有可能适得其反，从这个例子就可以知道，人人都是逆反的天邪鬼。

就算不是特别教育，在普通的学习中，身边人说得越多，讨厌学习的情绪反而越强烈。考虑到天邪鬼的逆反效果，让他别学习了会怎样？这样一来，如果有孩子真的听话不学习了，难道那时候我们再放弃吗？

05

客人与店家之间的信任

人们都说世界变化激烈,
可是"您酌情处理"和"市价"
的情况却依然没有变少。

某位外国人想,如果去了日本,首先要饱餐一顿江户前寿司[1]。

于是一到日本,他就马上去了寿司店。

店内餐桌的座位坐满了人,但厨师面前的柜台长桌处却空无一人。他遂问这两者之间有什么区别,得知柜台是 okonomi(按个人喜好点餐)。这位外国人认为飞机上如果是 economy class(经济舱)[2]就很便宜,便自己独断地认定寿司也是同理,于是坐在了柜台的长桌前,吃饱喝足。这倒是不错,但据说到了结账的时候,

---

[1] 江户前寿司名字的由来有许多说法,其中一种是说从江户(东京)前的海边(东京湾)捕获鱼类做成寿司,但其实"江户前"指的是鳗鱼的切割方式。在关西,鳗鱼的切割方式是由腹部切开,江户则是由背部切开,因为切割方式不同而被称为江户前寿司,意思是江户风格的寿司。江户前寿司的特点是当场捏制生鲜鱼贝,呈现极致美味,是"急性子派"的寿司。所以,江户前寿司以寿司材料的好坏来区分。——译者注

[2] 日语中 okonomi(按个人喜好点餐)的发音与飞机 economy class(经济舱)的发音接近,按照文中的意思是外国人听错导致了误会。——译者注

他觉得价格贵得离谱。这位外国人日语很好,但却不懂"okonomi"的用法,因此闹出笑话。

我们都喜欢吃寿司,可能的话,都想"按照个人喜好"选择寿司,虽然心里这么想,但却会因为害怕结账而不敢近前。总之,"君子不近初次的寿司店"[1]。第一次进寿司店,我们会忐忑店家到底要收多少钱,那种站在结账处的战栗紧张感格外不同。

这种做法不是寿司店独有的。无论是装潢雅致的酒馆还是日式高级酒家,你想看到账单的明细都是件困难的事。

女老板会用铅笔在小纸片上写消费数字。不知何故一定要用铅笔写,或许是因为用圆珠笔等书写工具会破坏气氛吧。

浅浅的铅笔字,让人难以看清,即便如此,对方也绝对不会从嘴里说出消费数目。消费数目大多都有以10日元为单位的零头,有足够的真实感。通情达理的客人对于是否接受找零,必须费一番脑筋。吃喝也不是多么

---

[1] 此处作者套用了"君子不立危墙之下""君子不涉险境"等古语。——译者注

轻松的事情啊。

即使正喝得起劲，一旦想到结账，人马上就会冷静下来，酒也醒了。那些口中说你没魄力的人，要么是公款消费一族，要么是勒索敲诈一族，把他们看作不需自掏腰包的家伙，总归是没错的。

此类"账单"能够通行于世，还是有它相应的原因，并非能轻易改变。这种以心传心的默契结账学是出于客人对商人的信赖，其背后有着这样的想法：即使照对方说的去做也不会有万一或过分的事情发生。或是想彰显自己有范儿，因此可以自以为是地让对方"您酌情处理"或"看着办"。

即便菜单上写着"市价"，也不能询问"今天的市价是多少"，会被认为是极其土气的行为，这也是基于不可以质疑客人与店家之间神圣信赖关系的原则。人们都说世界变化激烈，可"您酌情处理"和"市价"的情况却依然没有变少，这很有趣。

如果要说些偏袒那些铅笔写就的纸片账单的话，就是那些地方的服务都很好。最近，因为买东西而生气的情况时有发生。走进明码标价的饭店吃饭，却不得不用力忍耐服务员端上饭碗时用手大把抓的做法。

我经常看到不好好回答客人询问的店员,服务态度极其粗暴,也有人说这是因为日本没有付小费的习惯。

日式"账单"里面包含服务费和小费,因此态度亲切,服务也细致周到。不能做到这些的、能光明正大结算的地方,行事爽快,有时稍微有些粗暴也是可以理解的。客人既希望对方态度亲切,又希望看到账单明细,往往很难两全其美。

各种事物浑然一体,同栖共生,是日本文化的特色,但如果能够让我们选择是"纸片账单"还是"附明细的账单",那将十分难得。

06

〖 "感觉害怕" 的上茶方式 〗

看到有人用手抓起茶碗上茶，
我们身体内某种处于休眠状态的东西
就会苏醒过来。

玻璃杯里的水还好，但茶碗里的茶却可怕。

我的话是什么意思呢？说的是饭店给客人上的茶或水。服务员来问点什么餐时会带来茶水或水。多数时候上的是水，偶尔也会上茶，这茶就是我要说的问题。我总会内心忐忑地担心，这家店会不会也是用同样的方式上茶？一般都会不幸猜中，感觉很不好。

这种饭店拿出的一定都是那种碗壁很厚、材质粗糙的茶碗，估计掉了也不会摔碎。不过，我不满意的并不是这些，而是服务员用手抓茶碗的行为。我非常在意，但是觉得又不能抱怨，所以一直在忍耐。即使后来上的饭菜好吃，也觉得味道失去了一半。

如果是在大众食堂，我们不能说狂话，但有时在大酒店的房间内举办会议，中途服务生会端来日本茶。也可能是会议方没有上咖啡的预算吧，服务生给大家端来了味道寡淡的茶，那也没什么。不好的是服务生端茶碗的方式，用"可怕的"方式抓着茶碗，一碗一碗地放下然后扬长而去。我会被服务生吸引注意力，而不太关注会议。凝望着服务生的背影，我想：这是相当有名的酒店，如果对服务生的培训只到如此程度，酒店也不能摆出一副高高在上的样子了吧。

有时在饭店上日本茶的方式也不好。不过让人意外的是，在日式料理宴会上也有很多同样的上茶方式，让人感到吃惊。

更让人"感觉害怕"的是他们从茶碗的上方大把抓的上茶方式。啜饮茶水时，客人的嘴会贴在茶碗的边缘，而那里就是刚才有人用手指碰触的地方。我并不是说人的手指不干净，但是想到饮茶时就像在用嘴舔陌生人的手指，总会产生某种反常的感觉。

很久以前，一位有权势的老人经常去某镇的镇政府。勤杂人员刚一端上茶，老人就会把茶碗倾斜，向地上滴茶，然后再张嘴贴着茶杯喝茶。老人总是这样，他认为这么做是在消毒。

镇政府的勤杂人员并没有用手抓着上茶，即便如此，老人还是担心茶碗的边缘会被弄脏。倘若像最近这样，就在自己的眼前看到茶碗的边缘被人碰触，如果是刚刚说到的那位老人他会怎样呢?

接下来要讲的是另一个人的事。住旅馆时,他会把女服务员铺的被子调一下方向,把头脚调过再睡。他觉得人嘴碰触的地方可能会有细菌。

人脚那一侧很脏,但是比起人的气息接触的那一侧还要好些,这是这个人的解释。日本人在这方面是非常讲究卫生的。

看到有人用手抓起茶碗上茶,我们身体内某种休眠的东西就会醒来。

茶碗与咖啡杯、红茶杯不一样,没有杯柄。总之,茶碗配茶碟,这是必不可少的。再进一步说,茶碗上应该盖上碗盖。

结果,到了最近,碗盖不知去向,也没有茶碟。手赤裸裸地抓着茶碗,即使对我说"请用茶",我也没有心情啜饮了。

如果手抓上茶的方式普及开来,那么茶碗也是有必要配上碗柄的了。

07

养成吃早饭的习惯

追求不饮一滴、不食一粒，
这样太不通融、太死板。

最近我开始吃早饭。对我来说这是新鲜的体验,一到早晨就会坐立不安。

不记得何时开始,我养成了不吃早饭的习惯。不到中午不靠近餐桌,为什么开始不吃早饭了呢?其中有些缘故。

即使自己想早起,可无论如何还是想睡懒觉。如果起得晚还吃早饭,马上就到中午,又要吃东西,这样一来就总是在吃。饭后必须稍事休息一下。我也知道有些模糊的大脑已经不能读书。我也不是不吃早饭,而是推迟到中午吃,这样整个上午就是早饭前时间。即使稍睡睡懒觉,时间也很充裕,不慌不忙。于是我说服自己,养成习惯,每天早晨不走向餐桌。

甚至茶我也一杯不喝。如果是寒冷的季节,有人会同情我说您身体会冷吧,也有人担心我会肚子饿。但我没有感觉到特别冷,本就已经空空如也的肚子也没法再空了。因为吃得太饱才会感觉到空腹,空空的肚子什么也感觉不到，我这样说才让大家放心。

或许还是年龄原因吧，大约从半年前开始，我觉得太追求不饮一滴、不食一粒，这样太不通融、太死板，早上开始想喝一点牛奶。试喝之后，我觉得很不错。于是我不吃早饭，喝些牛奶。马上有熟人告诉我，像你这样的人有必要吃西梅。我也听了具体的原因，不过这些无关紧要。只喝牛奶，我感觉口内寡淡了些，于是马上添加了西梅。如果只喝牛奶，站着就能喝，可是有了西梅，就必须走向桌子，坐下来。

我们孩童时代一到秋天，在焚烧稻壳的时候会顺便吃些烤红薯，那个味道让我难以忘怀。直到如今，每次听到卖烤红薯的叫卖声，我的嘴里都会口水横流，但我没有勇气在夜里跑去买，所以一直忍耐着。跟朋友聊起时，朋友笑着说用微波炉就能简单烤制。是那样吗？真的是那样吗？

于是我马上尝试，结果非常成功。如果想吃随时就能吃到，这很好。对了！我想好不容易开始喝牛奶、吃西梅，如果再添上根烤红薯如何？这样一来，就稍稍有早餐的样子了。

硬要说主食的话，就是红薯。如果吃腻了也可以给红薯加点变化，目前来说我对烤红薯很满意。一根细的烤红薯，慢慢地小口喝着牛奶，时不时地嘴里含个西梅，咬着吃。

这样一来，早饭前的时间大幅减少了，但是和过去相比，我会早早醒来，甚至可以说达到了难睡懒觉的程度。如果是9点起床，控制早餐就很英明，但如果是5点醒来，5点半起床，中午之前什么都不摄入的话，时间就太长了。我想还是像常人一样吃早饭更好些吧。

但是，我也不能一年到头都吃烤红薯。眼下先暂且这样，我犹豫开春后吃些什么主食为好，但是又不屑地想"车到山前必有路"。也有可能是米饭配味噌汤吧。

08

馋猫的嗜好

离合聚散总无常。

我和几个朋友闲谈时说到了吃不到好吃的鱼的话题，碰巧聚到一起的都是爱吃鱼的人。我们自顾自地说着，沉浸在话题当中，光是这么谈论着，好像难以平复心情。

一人刚说待在东京不能产生想吃美味鱼的念头，一定要去能钓到鱼的地方尝鲜时，大家马上就开始商量来一场吃鱼的小型旅行。这是一场难得的旅行策划，大家决定邀请具有相同兴趣爱好的人。如此一来，还是觉得起个名字比较好啊，最后决定这趟旅行叫馋猫聚会。

或许是渴望吃鱼的人太多了吧，参加的人数让人吃惊，第一次馋猫聚会竟一头扎到三浦半岛[1]的荒崎海岸[2]，大家饕餮一番刚刚钓上的鲜鱼盛宴后就返回了。没过多久，有人提出再去一次。每次组织活动都是临时募集参加人

---

1 三浦半岛是日本本州东南部向东南方突出的半岛，东临东京湾，西濒相模湾，属神奈川县，长约 20 千米，宽约 8 千米。三浦海岸曲折，多天然港湾，是远洋渔业基地。夏季有海风，冬季黑潮经过，气候温和，为著名避寒和避暑胜地，海岸多海水浴场。——译者注
2 荒崎海岸是一个位于横须贺市的公共区域，在区域内的荒崎海滨步道漫步的同时还能欣赏沿岸的岩石区域。——译者注

员，只是确定何时何地集合，参加人便是当天集合的成员。猫毕竟是猫，像野猫一样，成员不固定。聚散离合总无常。

渐渐地，我们也开始远行了，某年冬天还去越前[1]吃螃蟹，不愧为当年数只健壮有活力的猫参加的活动。回来后，大家在一段时间里反复回味鱼的美味，兴趣盎然，岁月静好。

没多久，我们感觉产地的鱼也不好吃了，至少不能满足馋猫们了。另外，也因为大家渐渐成了老猫，行动范围受限，开始觉得乘坐一天的交通工具，花上两天时间去吃鱼很麻烦。

市面上开始流行鲜鱼片[2]，世上的馋猫们又会满眼放光，拼命地飞奔而去吧。但是，像我们这样的馋猫，说游在水箱里的鱼能吃，是不会欣喜若狂的，在水箱里游来游去的鱼的味道会贬值。对于鲜鱼片，我们敬而远之。

不出远门，不靠近鲜鱼片，这样一来，我们和鱼的缘分就割裂了。正当我为此感到不安的时候，我邂逅了

---

1 越前市为日本福井县岭北地方中南部的市，成立于2005年10月1日，由武生市和今立郡的今立町合并而成。日本平安时代女性文学家紫式部曾居住于此，著有《源氏物语》。此外，这里还是仁爱大学所在地。——译者注
2 指将鲜鱼的生鱼片重新摆成整条鱼的菜式。——译者注

鱼干。原本猫是不理鱼干的，偶尔吃也不觉得好吃。但是，有一次，我去三重县[1]南部地区，在渔村买回来的开腹鱼干惊人地好吃，比鲜鱼还好。就像比起生香菇，干香菇味道更浓，这是一个道理。历尽波折，馋猫也开始去吃鱼干了，甚至可以说是朝它飞奔而去。一听到哪里有好吃的鱼干，我就会想尽办法弄到。但是，鱼干一般都在很远的地方，不能遂我心意，让人焦急。

人们常说"求索才会有所得"，最近我总能得到好吃的鱼干，我被神奈川县的真鹤[2]开腹鱼干迷住了。一开始是住在小田原[3]的熟人送来的竹荚鱼，这是我从未吃过的超级美味。之后总能时常得到机会品味这款美味。前些天，除了竹荚鱼我还得到了好像名叫青花鱼一日干的开腹鱼干。肉质肥厚，我竟不知道青花鱼是如此美味的鱼。

细问，据说能够制作这种鱼干的地方现在只有一个，也有其独特的味道。

---

1 三重县位于日本本州岛中部，是日本三大都市圈之一名古屋都市圈的组成部分，属于日本地域中的近畿地方。该县地形复杂，南北狭长，土地面积排全日本第25位，自然公园占其三分之一以上区域。——译者注
2 真鹤位于神奈川县足柄下郡真鹤町，指突出于相模湾上的真鹤半岛及其周边城镇。——译者注
3 小田原一般指小田原市，是位于日本神奈川县西部的一个城市，2000年11月1日升格为特例市。——译者注

09

回味的话题

聊些孩童时代的话题也不坏。

NHK（日本广播协会）傍晚的本地新闻里播放了千叶县习志野市某小学的孩子们在校园周围种植桑葚，愉快地采摘、享用果实的画面。

碰巧当天下午我刚刚谈论过桑葚的话题，因此觉得很惊讶兴奋。那天课间，我和一位美国同事在顾问室闲聊，不知不觉谈起各自小时候的话题。

听说他出生在盛产樱桃的地方，每到樱桃成熟的季节，他就爬上自家庭院前的樱桃树上，边摘边吃，一般不吃到天黑不下来。他一边说着，一边怀念地凝望着远处。

仅仅是听，我就能感觉到那幅情景仿佛闪现在眼前。无论身处哪个国家，孩子们都是做着同样的事情长大的啊。

我也同样讲起自己小时候的话题。不巧，我出生的地方和樱桃毫无关系，那是盛产桑蚕的地方，周围是一片桑田，到了晚春树上会结满果实。最初果实是青绿色的，慢慢染上了红色，红色加浓变成紫色，然后大部分果实开始呈现黑色，不赶快采摘就会掉落在地。

从学校放学归来的调皮捣蛋的孩子们会停留在桑树田里，一边推开肩膀上背着的碍事的书包，一边随手摘下桑葚放进嘴里。越是离地面近的地方，桑葚颜色越黑越甜，但下雨时桑葚上会溅上泥点。孩子们不可能一个一个地清洗干净，吃到嘴里就会有粗糙的沙粒感，很无趣，有时就会吐出来。

大家各自在自己喜欢的地方尽情饱食享用后，才上路离开。桑葚是禁食的果实，无论在学校还是在家里都是这样，我们被多次警告过不能吃桑葚，因为会吃坏肚子。但是我们内心轻视大人的警告，觉得吃点桑葚就会吃坏，那么柔弱的肚子还能做什么？看到千叶的小学生在老师的指导下高兴地吃着桑葚，我知道50年前我们的信念是正确的。

吃完后，小孩子的内心会袭来不安的感觉，不可能擦擦嘴装作一副若无其事的样子回去。桑葚比葡萄颜色更浓，嘴边甚至牙齿都会染上颜色。孩子们相互之间看看对方的牙齿，一边说着"蓝了，蓝了"，一边跑到小河边。光是漱口，颜色是不会掉的。孩子们会用草叶擦，也有火爆的孩子蘸着泥刷牙。

　　如此这般折腾一番，太阳也西沉了，周围天色暗了起来。这样的话家长就看不出来了吧，大家才开始踏上归途。当时，乡下人家是在20瓦左右的裸灯下吃晚饭，如果适当地低头吃饭是看不到牙齿颜色的。只不过，第二天去学校老师有可能会检查牙齿。如果牙齿是蓝色的，就会挨一顿拳头。孩子们心里想着明天早晨一定要好好刷牙，就此睡去。

　　这些我并未全部说给美国同事听，用蹩脚的英文，叽叽咕咕地大概说了三分之一吧。起初，我很难用英语说明桑树和蚕，这让我明白用外语表达如此难忘的事情是多么狂妄的尝试。

　　第二天夜里，老家的朋友打来电话，是一起上小学的朋友。电话里说的是些远离尘世的话题，很久没见的同学要开同学会，问我是否会顺道回去。

　　这位朋友也是吃桑葚把牙染蓝的同学之一，聊聊曾经的往事也不坏。我告诉他会在什么时候回去，内心已经开始期盼着再见了。

10

〖 做人的宽度 〗

想要增加做人的宽度,
就不能执着于一种颜色。

我生在三河[1]、长在三河。

小学修学旅行时,我去了伊势[2]。和现在不同,当时几乎所有孩子都没有见过汽车,甚至很多东西都未曾见过,十分新奇。

其中,让我感受最强烈的是发现了怪颜色的味噌汤。

旅馆的味噌汤呈现着异样的颜色。我们自打出生以来,只喝过三河的味噌汤,实难想象木碗里像泥水一样的东西是味噌汤。我尝了一口,那是一种奇妙的咸味。这东西能吃吗?大家嘴里都不满地嚷嚷着。

我们亲身感受到了世界的广大,仅仅这一点,就让修学旅行产生了实质的效果。自那以后,将近半个世纪,我都对味噌汤特别敏感,一旦听到有奇妙的味噌汤,身

---

1 三河指日本爱知县三河地区,位于名古屋的东部,是一个被大海和群山环绕的迷人地区。——译者注
2 伊势,日本本州中部城市,属三重县,位于志摩半岛北侧,宫川、伊势川流贯。——译者注

体就会一下子紧张起来。

来到东京，这边和伊势有着同样颜色的味噌汤。我感到十分不满：那个由曾经的三河人形成的江户，拥有如此多的三河屋商号，却和三河如此不同，这又算怎么回事？

无法理解说这种味噌汤好喝的人是怎么想的，我暗自这么觉得。不过，20多年前，我吃了北海道的味噌店老板在东京制作的味噌汤。（不知味噌汤是用喝？用吸？还是用吃？）里面只放了葱花，那碗酱汤好吃得惊人。我才明白多年来的想法实为一种偏见。

想要增加人生的宽度，就不能执着于一种颜色的味噌，要有与各种味噌相处的雅量。我渐渐不再任性地寻找借口，改变一直以来的偏见和想法，不拘泥于一种口味，而是尝试各种口味。

即便如此，我的内心还是觉得三河的味噌好。心下笃定。所谓妈妈的味道，或许就是童年时代吃惯了的味噌是味道最好的吧。

人们为亲手制作的味噌感到自豪，因此产生出了自吹自擂[1]这个词语，无论是谁一定都觉得自己的味噌味道最好。如果是信州[2]长大的人会说：那是什么，那种黑乎乎的八丁味噌[3]，光是看着就觉得毛骨悚然。

去百货商店，可以看到摆放整齐的、来自全国各地五彩缤纷的味噌。我们会感叹这么狭小的日本竟有如此多种类的味噌。它们并没有争吵不休，而是和谐共存，实在难得，堪称世界和平的典范。

酱汤里面放的材料不同，味道也会不同，这点让人喜欢。春天和荷兰豆最配。秋天芋头切薄，品尝它的黏液会有不同的风味。夏天冬瓜最适合，和八丁味噌非常搭配，那种清淡的味道无与伦比。冬天是萝卜。不过，要知道萝卜的切法不同，味道也会有所改变。

一年都适宜的是放豆腐和油炸豆腐。在我老家，做法事时出现的味噌汤里一定会放豆腐和油炸豆腐，这是

---

[1] 日语中自吹自擂的写法是"自前味噌"，直译为"我的味噌"。——译者注
[2] 信州即长野，位于日本本州中部，自古就是日本东西文化的交流中心，十分繁荣。——译者注
[3] 八丁味噌已有600年历史，因其营养丰富且耐存储，被德川家康用作军队的常备食物。德川家康统一日本后，不仅照旧储备八丁味噌，还推荐给了皇室。——译者注

天下第一品。这么写着，我嘴里甚至都生出口水来了。分量一定要多，不然不会催出那种味道来。了解这些后，我在家也能经常试着做。

年轻时，我感觉味道不够浓的味噌不好吃，但不知何时我的喜好变了，最近，感觉自己甚喜口味清淡的食物。经常有人劝我减盐，如此一来，并不需要多费辛苦，就能做到减盐。孔子说得好："七十从心所欲而不逾矩。"关于味噌汤，我好像步入了圣人的境界，内心也不是没有一点寂寞之感。

11

热茶的美味

要用极致的美味，
让全身去体会心情全然改变的过程。

当人们说喝茶就是在饮茶店[1]喝咖啡，在店里跟服务员说请来杯日本茶，估计会给我上碟下酒的小菜吧。所谓饮茶就是喝茶，茶对日本人来说理应是绿茶，可是在饮茶店竟然喝不到绿茶，真是可笑。不过，如今没有人会倾听这些道理。

酒店的饮茶店会提供茶饮，不仅有茶，还会配上点心。咖啡和红茶不配点心也行，但不明白为什么只有茶就不行呢？做茶道会配上点心，但好像茶配点心也不是这个原因。或许是因为茶是免费的，如果连点心都不配的话，就不能收钱了吧。

去别的地方待得久了，也会有茶上来，但是我不喜欢。最近，茶托这种东西消失了。在餐饮店也是，服务员用手抓着茶碗给客人上茶，让人扫兴，让人不想用嘴碰触茶碗。以前有洁癖的人会将茶洒在地板上一点，这

---

[1] 饮茶店，日文写作"喫茶店"，一般翻译成咖啡店、茶馆。——译者注

样会对茶碗边缘进行消毒（也不知能否消毒），但现在的人却毫不介意。一看里面的液体，不是绿茶，看起来是黄茶。

平日我被迫要与这种茶为伴，花钱喝茶的喜好就理所当然地没有了。但是，我时常还会想在外面喝茶，不配点心的那种，只让我喝到好喝的茶。我希望有"纯"的饮茶店。茶馆怎么样，试着开一家？

在外面喝不到茶，所以我就在家喝。问题是茶叶：好茶叶价格不菲，特别是新茶价格贵得惊人。或许是同情我买不起吧，各地的朋友每年都会给我送来新茶。一拿到，我会立刻泡上，饱尝醇香之后再写信感谢朋友。新茶的弱点是生命短暂，开罐后如果不赶快喝完，难得的香味就消失了，即使认真地保存到夏天也会变成普通茶。最难以打理的就是新茶。

长久以来，我都是这么想的，不过却从静冈[1]茶农那里听来了意外、难得的好方法：不喝的新茶就冷冻起来，

---

[1] 静冈一般指静冈县。静冈县位于日本东京和大阪之间，是日本的主要交通要道，茶叶是代表静冈的特产之一。煎茶、绿茶、玉露茶等产于温暖静冈的茗茶以其醇和的口味和醉人的清香，深受日本人喜爱。——译者注

这样一来，不论到什么时候都能完整保存新茶的状态。我迅速在家这样做起来，年中的时候也能品味到新茶。寒冷时期的"新"茶会格外不同。

茶的味道会因为茶具不同而产生微妙的差异。我不想将就，不过满意的茶具却格外少。前几天我想送人上好的茶具，四处找寻却找不到，走遍东京所有的百货商店，最终还是放弃了。我看看自己正在用的怎么样，意外发现竟是珍品。这是去年夏天在三重得到的茶杯，我十分中意，时时在用。虽然没有落款看不出是老物件，但却是川喜田半泥子[1]的作品。

泡上热茶，双手捂着茶杯。我看着升腾起来的热气，嘴里含着茶汤，时常会感到好喝到极致。这样一来，全身都能感觉到内在心情的全然变化。

---

[1] 川喜田半泥子（1878.11.6—1963.10.26），日本陶艺家、实业家、政治家。——译者注

PART 3
选择关系较远的人作为话题

人与人之间的距离一旦压缩,
就看不到重要的事情了

01

〖 一个人吃饭的启示 〗

请怀疑这句话:
创造历史的是数量。

吃午饭时，我走进了一家餐厅。因为想错开用餐高峰时间，我又出去转了一会儿，果然，回来后餐厅里不那么拥挤了，心想这下可以好好享用午餐了。虽说大部分桌子都空着，但我也不会一人独占一张四人桌。当我正要走向双人桌用餐区时，一位身着黑色工作服的男服务员不知何时朝我走来，问道："您是一位吗？"这不是显而易见的吗？我心想。不过也可能会有同伴迟到或在此等人的情况。"一位。"我答道。马上他就说："那么，请您来这边的吧台吧。"我真不喜欢"那么"这个词，感觉有些粗鲁。

我从门口向内张望并没有看见这个地方，这里放着几把细长木板做的长椅。其中一张长椅上坐着一位中年绅士，貌似无趣地吃着东西。我刚一落座，就发现自己煞风景地与墙壁面对面。我愈发想逃离这里，不过应对这种情况需要气势这东西，哪怕是呼吸慢了一拍也不能顺利离开。我觉得自己缺少相应的勇气，还是乖乖坐下了。

过了一会儿，不知哪儿来了两个结伴的人。男服务员用高亢的声音喊道："欢迎光临！请这边坐！"为他们引导座位。我斜眼一瞧，是最中间的四人桌。这差距也太大了吧！或许是因为心里恼火，我吃东西也没怎么品出滋味，匆忙吃完就离开了。

我和年轻的朋友说起这件事，其中一位朋友听后说道："一个人很痛苦。"他有时一个人出去旅行，常常因住宿苦恼。听他说，打电话预约酒店，刚接电话时对方很热情，而在得知他是一人住宿后，声音一下子泄了气："不巧，已经住满了。"就拒绝了他。他说，今年各种长假都结束了，酒店都空着，想着独身旅客也能入住了吧，才决定出门。可没想到，即便如此还是不受待见。虽说一人入住可能更容易引起麻烦，但是做生意，真的会因为不合算就拒人于千里之外吗？"一个人很可怜哦。"他又说道。

另一个朋友，说起了他在咖啡厅遇到的倒霉事。他一个人喝咖啡的时候，店里蜂拥而至许多团体客人。因为没有空桌了，他以为他们会就此离开时，谁知服务员向他走了过来，"命令"道："不好意思，能请您坐到那边吗？"坐过去是和人拼桌，换了地方的咖啡也不好喝了。

他称这为"咖啡厅哄抬地价"。更扫兴的是,把先来的客人赶走的那帮家伙,别说面露惭愧之意,那表情简直是若无其事。没有一个人和他说"抱歉"。果然,一个人很可怜呢。

相反,当我方人多时,数量也成了优势。有这么多人,喝茶的消费也不是小数目。一个人向店内张望说如果没有座位就放弃,但是对店员说我们有9个人的话,店员就说"请进,我帮您找座位"。冲在门外等候、以为喝不上茶的同伴们使个眼色,大家就陆陆续续进去了。服务员把几位先到客人被迫让出的座位搬到一起,为我们腾出了座位。好像是因为我们人多而横行霸道似的,我们有点过意不去,于是向为我们让出座位的客人们深深道歉。正因为如此,我很憎恶那些把别人挤走,还一脸若无其事的人。

有位历史学家说:创造历史的是数量。服务行业也是如此吗?一个人太可怜了。

02

用餐时愉快交谈

要进行无关紧要却能愉悦刺激头脑的对话，
最好围绕关系略远的人。

"没有比和交心的朋友一边吃饭一边闲聊更愉快的了"，我在某处写下这句话后，收到了一封陌生读者寄来的明信片，上面如是写道：和交心的人聊天不可能愉快，那只是心有隔阂之人犯的错罢了。这令我惊讶不已。

相见甚欢的，必须是无事之人。5个人、10个人，人数众多则会分神。如果来家里，主人也会感到困扰，还是在外面见面更自在。在咖啡店简单喝个咖啡聊聊天也不错，不过最多也只能坚持30分钟。

这样说来，我还是选择聚餐。最近午饭时间，每个餐厅都是人满为患。说不定，后面等位置的客人还会一直盯着我们这里。那样的环境不适合进行高雅超脱的谈话。就算一定要一起吃顿晚饭，如果选择了周末，餐厅客人太多也会让人无法平心静气地交谈。那就选择一个看似轻松的某一周的头几天，进行一个无关紧要的聚餐，就算费一些周章也可以。

去酒店的话，交通会很方便，服务也很周到，但不免有些冷冰冰的，有时甚至有种商务性的感觉。聚餐必须有一个更加轻松自在的氛围才行。而且经常去酒店也是笔不小的开销。

虽然这么说有点不妥，但我其实并不是为了美食才聚餐的。或者说吃饭是次要的，以吃饭为陪衬的谈话才是真正的目的。没有愉快的谈话，聚餐也就失去了价值不是吗？欧美人习惯在用餐的时候进行演讲，据说研讨会（symposium）原本指的就是人们在餐后酒会上觥筹交错间进行的兴高采烈的讨论。用餐和谈话是不能割裂的，谈话是鲜花，料理是团子。如果缺少食物，人们就会撇下鲜花奔向团子。

今年初秋，朋友带我去了一家店，我非常喜欢。那是一家餐厅，从车站步行几分钟的距离，只有6张桌子，其中3张是双人桌，店内小巧而雅致。当然，菜品很好吃。很快，我就主动邀请其他朋友来这里吃饭，结果很成功，和朋友聊得入神以至于忘记了时间。另外，值得庆幸的是，餐厅的价格也很便宜。

尝到了甜头，我决定以后和人吃饭就只来这家店，结果基本上每周都会请朋友来。不过我也并不是谁都请，因为和有些人吃饭，饭都会变得难吃。如果是和工作上的朋友吃饭，就会容易聊一些八卦。要进行无关紧要，却能愉悦地刺激头脑的对话，最好围绕关系稍远的人。

很久以前，在苏格兰的爱丁堡有一个叫"月光社"（Lunar Society）的团体，约10个人，来自不同的领域，每个月一次，于月圆之夜聚餐，谈笑风生，乐而忘时。聚会中诞生了许多了不起的发现和发明，在历史上甚为有名。

对于我等凡人而言，骤然效仿前人有些力所难及，不过大家应该都或多或少有类似的经历，即在愉快的谈话中发现些特别的东西，我想尽可能多地去体验这种感觉。

有了好去处，我就不会再像以前那样为找地方而烦心了。习惯了一家店，我也能彻底放松下来。于是，我决定每周一次，创造和不同的人愉快用餐交谈的机会，我很久之前就打算这样做了。

03

〖 料理要有人欣赏才算完成 〗

仅仅制作是不能完成料理的。
有人吃并说好吃才是料理。

"Do you like cooking?"（你喜欢烹饪吗？）

一次聚餐时，一位英国绅士向斜对面的日本女士这样问道。那位女士好像回答说"喜欢"，不过声音太小了听得不是很清楚。然后绅士接着说道：

"Cooking is very creative ,isn't it?"（烹饪很有创造性，不是吗？）

我在一旁听着，很喜欢"creative"（创造性）这个词。这话说得很漂亮。原来如此，果真如此，平时男人下厨做饭多少会感到没面子，如果说烹饪是创作的话，就不会有顾虑了吧。

我本来就喜欢看人做饭。最开始是小时候，母亲在厨房做饭时，我就会跟在一旁，不厌其烦地看着。后来是电视唤醒了这份尘封已久的乐趣。彩电出现后，看美食节目就成了我的兴趣。我有好几个喜欢的美食家。在人前我会说"我在用眼睛品尝"，但事实上，我是在品味料理之美为我带来的不可思议的快感。即使不是很想品尝的东西，看见其被制作完成，我也会感到陶然之趣，那感觉如同看见艺术品诞生于自己眼前一般。

有时我还会错以为是自己在做，不知不觉手发了力，自己也不由得苦笑起来。体育训练中有一种"表象训练"（imagery training），即看其他优秀选手的动作，相应地自己也会进步。于是我擅自骄傲地认为：我总是在电视上看高手烹饪，进行了许多表象训练，所以即便我不进行实际操作，也一定能做得很好。当然，我也有眼高手低的时候。尝试过后，很可能自己其实做得一塌糊涂，所以还是不要轻易尝试为好。也有人说，君子远疱厨。这样想来，我也就按捺住了跃跃欲试的心。

受英国绅士的启发，我有了想"试试吧""一定要试试"的想法。其实我这人是豪放派，像酱油放三大勺、酒放半勺之类啰唆的话都直接无视，全部凭感觉目测。无论是盐是糖，我都大胆地放，最后再品尝完成得如何，这是最开心的，是创作。

只有亲自做过料理才会明白，有人品尝是多么重要。仅靠制作是不能完成料理的，有人吃过说"好吃"才算完成。同样，只有作者和作品的艺术是不成立的，欣赏者和评论家都是必不可少的。

在餐厅用餐后，有的人会夸赞菜品"好吃！""真不错！"我个人因为胆小害羞，从没有说过这样的话，不过我能想象这样的赞美对厨师来说是多大的鼓舞。迄今为止，我无论吃什么都是一脸若无其事的表情，但是我想，今后必须努力用语言去赞美做料理的人。创作是为了被欣赏，创造性的料理也是被欣赏的对象。

目前为止，身边的评论家大体上都对我做的料理赞赏有加，这样看来我的厨艺还会大幅提升。

04

常用物也要用好东西

越是日常使用的东西，
越要精致。

铃村正弘先生看着手里提的袋子，略带犹豫地问道：

"摆这里可以吧？"

彼时我们正在酒店的休息室里喝茶，他说要给我看个礼物。

铃村先生曾在很长一段时间里，担任冈崎市的教育长，是位声誉很高的教育家。有时我会在老家见到铃村先生，就渐渐熟悉起来，但在东京见面还是头一次。几年前，铃村先生和我说起他做瓷器的事。我问是做什么，先生回答说"是碗"，不过不是喝茶的茶碗，而是吃饭用的饭碗。先生说他只做这一种，我很感兴趣，于是央求先生也给我做一个。

我以前也接触过瓷器。不过明明自己做不出什么像样的东西，朋友们还吵着"要啤酒杯""要茶杯"，我一时兴起就都应下了。不过一开始我就各种不顺利，因此一直兑现不了承诺。不久我不做瓷器了，这些债也就永久欠下了。

我有过这样痛苦的回忆，想必铃村先生和我不一样，应该没有类似的经历吧，尽管最近几天他一直没有联系我。我不禁一边暗自想象，一边抑制住催促的心情。

这次，铃村先生从箱子里取出的是吃饭用的碗，一共六个，都是很小巧的碗，全部整齐地摆放在桌子上。我不由得倒吸一口凉气，很难想象这些碗都是出于兴趣制作出来的作品，听说用的是中国钧窑的烧制方法。据我后来的调查，钧窑指的是中国河南省禹县的窑，因为古代禹县被称为"钧州"而得名，据说生产的是施有厚实青绿色釉的青瓷，云云。

在铃村先生赠予我的六个碗中，有四个是在近似古代紫色和京紫色之间的深色素坯上施釉制成的，另外两个是天蓝色的坯，上面带有淡紫色的刷毛痕。

瓷器专家们要么做茶道用的茶碗，要么做花瓶之类的。饭碗由于不值钱，所以根本没人理睬。而且每天使用，往往易碎，所以不会有昂贵的饭碗。

虽说饭碗也可以用一堆便宜的东西对付，但铃村先生认为"越是日常使用的东西，越要精致"。先生从事前无古人的饭碗陶艺已经有十几年了，是能做出好东西的。

铃村先生赠予我的碗，每一只都很小巧，只有普通饭碗的一半大小。铃村先生说，年纪大了，这个大小正合适。我没听清他说的是"应该只吃一小碗"，还是"可以再盛一小碗"。只是这样一碗的话，和佛坛上供奉的饭差不多。现在成佛还为时尚早，这样看来还是吃两碗。之前我用的是正常大小的碗，中午都会再盛一碗，比较起来，先生送我的碗还是健康了不少。

甚至我的家人也收到了写有自己名字的碗，大家都高兴极了，要把它们当作传家宝。我刚说不小心弄碎了可不得了，家人就把碗包好不知藏到哪里去了。而我呢，嘴上说着高级日料店也没有这样的碗，一边却用刻名的饭碗吃饭，以至于家里人都说不敢洗我的碗。

05

照顾植物的启示

越费事的孩子越可爱。

木天蓼[1]可真棘手。

此前,我在浅草的花卉市场买了茱萸和金橘。因为尝到了甜头,我后来又去了那个市场。

偶然间,我在那儿发现了木天蓼。之前虽有所耳闻,但我还是第一次看见实物。据说这是猫最喜欢的东西,让人不由得感到魔性又有趣。我没考虑太多,也买了一些,相对来说价格还算合适。

买回家后,家里人都对此面露难色。就算没有木天蓼,我家的小院子也是附近猫咪的游乐场,里面的花草深受其害,令人头疼。如果再出现木天蓼之类的植物,天知道会发生什么。

无奈之下,我只好把木天蓼拿到了学校的研究室。

---

[1] 木天蓼,猕猴桃科植物的枝叶。木天蓼中含有猕猴桃碱、9-苯乙醇和木天蓼内脂,对猫以及猫科动物具有显著的吸引力。猫咪接触到木天蓼就会流涎、凝视、打滚,甚至产生陶醉的状态。——译者注

研究室在四楼，想必再擅长爬树的猫也不会爬到这里吧。拜其所赐，我不得不每天来学校给它浇水。

拿到研究室一周左右，我因为有事，有三天都不在东京。临走前，我往花盆里浇了很多水。可回来一看，所有叶子都枯萎了。这下可糟了。我又是给叶子喷水，又是给根洒水，一阵慌乱后，总算是挽救回来了。可是没过多久，还是有一部分叶子发黄了。

我从这件事中得到了教训，于是，我在一个小水桶的底部放上水，把花盆坐在里面，再把旧布拧成一股，从花盆底部垂到水面上。这样一来，即使三天左右不浇水也不会枯萎了。

我在某处写了关于木天蓼的事后，收到了东京营林局的叫"绿色"的宣传单，从中得知了木天蓼这个名字的由来。

"很久以前，一位游士在山路上累得无法行走时，发现旁边的藤蔓上结着小小的果子。他吃了之后，突然变得精力充沛，便又继续赶路了。因此，木天蓼也被叫'又旅'。"（藤田泰）

后来，我偶然间翻阅百科全书，吓了一跳，书上竟赫然写着木天蓼是"雌雄异株"。我并不知道这件事,因此一直以为,在自己这番精心照顾下,定能结出果实。可如果是雌雄异株的话就行不通了,只有一株是无论如何都结不出果实的。

因为浅草的花卉市场对这件事只字未提,所以我一时兴起就买下了,这非常残忍,它们应该按对卖的。

我家木天蓼至今还是单身。而且,我甚至不知道它是男是女。即使我想让它结婚,也没办法帮它找对象啊。

我身边没有人认识木天蓼,甚至听到木天蓼都是一脸厌恶的表情。有个喜欢猫的人,跟我要了一枝,说要拿回家给猫当玩具。一个不注意,人会被迷惑得比猫还晕。

另外,有个人告诉我,他看见猫吃了木天蓼以后,马上就瘫软下来,走路方式也变得很奇怪。那样的话好像还挺有趣的,可终究还是没办法解决单身。

听说木天蓼是长在山里的。我也想过,把它带进城市,是不是违反了自然规律?在山里的话,也就不可能抱怨单身这件事了吧。

06

[**尝试坚持一件事**]

应该总穿便装。

有人说越费事的孩子越可爱。我对我家木天蓼的爱怜之情也日益强烈起来。

我每天早上都做广播体操。不过不是在我家,而是去附近的公园。

此前,我从没想过做广播体操。小时候,我倒是做过暑假里强制性的广播体操,但总觉得很厌烦。如今我做广播体操也是缘起偶然。

这几年,我一直坚持散步,最好是晚上散步。到了晚上,我会花上很长时间散步。不知情的人可能会一脸奇怪:晚上?但晚上散步真的极好。我虽然改变过主意,尝试早上散步,但实在不够清爽,还总觉得心神不定,回到家里就想睡觉,于是我很快就放弃了。

今年夏天暑气正盛的时候,我常因为太热睡不好,醒得比平时早。我想着要不要去外面走一走,于是就到我家附近散步去了。在人迹罕至的小路上,我遇到了好几个一身轻装,出来散步的人。大家的方向都一样,我估计都是去公园做广播体操的。"那我也跟着去看看吧。"我这样想着。

离公园还有一段距离,我就已经听到扬声器里传出的收音机的声音了。到了公园的广场一看,有七八十个人,都各自摆好了姿势等待开始。他们邀请我加入,于是时隔几十年,我又开始做广播体操了。这是第一次,从那之后我决定每天都来。

一开始我不知道,听说这里还有个体操会,只要交了会费就能成为会员。前几天,体操刚刚结束,一个会长模样的人通知大家说:过几天要去旅行,想参加的人请找"负责人"报名。

来的人大多数都是上了年纪的。不过,大家都穿着白衬衫、白色运动裤和白鞋,非常时尚。我穿得土里土气,站在中间虽有些难为情,不过换衣服太麻烦了,我还是决定穿便装。

体操一结束,大家就三五成群,四散分开了,广场瞬间变得空荡荡。这时,广场的一角聚集了许多鸽子。在那里,出现了一个提着大袋子的大叔,鸽子一直在等他。这个人不做体操,他是看准了体操结束后才出来的。大叔好像对鸽子说了什么似的,从袋子里拿出了饵料。饵料也不是豆子,好像是面包屑吧。鸽子就一层层围过来吃。饵料撒完后,大叔又开始吟诗。我听得不是很真切,不过好像每天早上都不一样。不知是为了还吃早饭的人情,还是因为饵料还有剩余,每只鸽子都洗耳恭听的样子。

远远地看了一会儿大叔和鸽子,我就开始散步了。茂密的树丛对面,有一片能打棒球的场地,几个做完体操的人在那里散步。当中有一两个人在逆走,也就是向后走,据说这样走运动效果很好。但如果不是在这样的地方,就太危险了,绝对不能这样做的吧。

我斜眼看了看他们,在公园外围林荫道的场地上走了两圈、三圈,一圈大约是一千步。有几个人在慢跑,其中有一位年轻女性,我奇怪她那么瘦为什么还要跑步。她是反着跑的,所以我们擦肩而过了好多次。

我走了30分钟左右就回去了。早上的烤吐司真是好吃。

07

〖 卖帽子的同龄接待员 〗

上年纪的店员适合上年纪的客人。
其中有中老年人工作的一席之地。

天气很冷的时候，我看到了一个几乎全裸的男人，一位裹在温暖外套里的绅士说道："你可真不怕冷啊！"男人回答道："先生您也是，脸是暴露在外的。对我们来说，身体和脸是一样的。"这是蒙田的《随笔集》中的一个小故事。在欧洲语言中，脸和头没有分开，脖子以上都是头。"脸暴露在外"，那自然头也暴露在外。不过头上有头发，而脸上没有。如果把脸暴露在外的话，那么长有头发的头暴露在外也没什么可奇怪的，不过以前的人都是戴帽子的。

现在戴帽子的人很少，戴帽子反而惹眼。天气冷的时候，戴帽子和穿一件内衣是不一样的。如果看位于寒冷地区的人的照片，大家都是戴着帽子的。天热的时候戴帽子，反而可以缓解暑热。不过，认为帽子只是装饰的人，大多认为这种装饰是不必要的，因此走到哪儿也不戴帽子。天热的时候，女人撑着阳伞走路，看起来很凉爽。男人撑伞虽然也无伤大雅，可惜没有伞。我热得受不了的时候,也想过"戴顶帽子吧"。可话虽如此,我的帽子,该怎么说呢,是布制的登山帽。摘下后,可以折起来放进包里,十分便利。不过,我不能戴着这种帽子外出访问。

夏初的一天,天气特别热。偶尔我会到外地走一走。那天阳光直射,暑热难耐,为我带路的本地人戴着一顶像安全帽一样的帽子,看起来很凉快。或许他们觉得只有自己戴帽子,有些过意不去,就对我说:"下次您再出门也戴顶帽子吧。"

回到家,其实我并没有在意他的话,但是天气热的时候总是会想起那件事。不管怎么说,登山帽是不合适的。冬帽的话,我有意大利的精品帽和英国的时装帽,但是没有夏天的帽子。不过我也没考虑过要买一顶。我去商场买其他东西的时候,忽然想起了帽子的事,于是就去帽子的专柜看一看。我只打算看看,并不打算买。一位年近半百的绅士独自站在那里,我以为他也是顾客,而他却向我这边走来,原来他竟然是店员,不过他什么都不说,只是站在稍远的地方等候着。我不由得对他生出好感。终于我想向他询问,便开口和他搭话。然后他指着一个大小适中的帽子,说:"这个不就很好吗?"我一下子就喜欢上了，决定买下来。

我也不知道是从什么时候开始，商场里出现了这样上年纪的店员。买帽子的客人里没有年轻人，如果是朝气蓬勃的女店员来接待，可能购买欲望也会下降吧。上年纪的店员总是考虑周到，很适合上年纪的顾客。在这样的地方有中老年人工作的一席之地，我觉得真是太好了。

也许过几天我又会去那位让我戴上帽子的人那里。戴着这顶帽子，我很期待看看那位安全帽先生会说些什么呢。在东京戴着帽子走路，还是多少会感觉有些紧张。烈日炎炎下，连头发少的人都直接把头暴露在外。我其实很想悄悄告诉他们：戴顶帽子就凉快了，不过如果对方对我投以奇怪的目光，我就会畏缩了。

08

挑选手杖的启示

如果非要一根适合自己的手杖,
那么市面上现成的商品可能不行。

这几年，晚上散步是我每天必做的事。

有时候，我会看到从对面走来一个人影，感觉好像瞪着眼睛、怒气冲冲的，两只手臂剧烈地前后摆动，仿佛竞走一样。走近了一看，原来是一位年轻的女性。这种事时常发生，大家好像商量好了似的，都摆着手走路。虽说散步是为了身体健康，但这样散步，多少令人感到可怜。散步应该更加愉快、更加优美，如若不然，是很难坚持下去的吧。

话虽如此，我也没有资格说这样的大话，我只是说散步这件事而已。

手里拿着东西散步并不好。我虽然清楚这一点，但是空着手散步，手里总觉得空落落的。有时，晚上可能下雨，我就拿着伞出门，用雨伞代替手杖，感觉好极了。即使有人牵着恶犬走过来，我也可以将其用于万一时刻的自卫手段。这令我感到安心。

哪里的路都是这样的，都是为了方便白天散步而修建的。或者，可能是为了给走路粗心的人以紧张感，告诉他们要注意脚下，而在意想不到的地方有所变化。本应平坦的路面上出现凸起，即使人没有走神，也会被绊倒。这时候，如果手里有伞就能支撑一下。遇到奇怪的地方，也可以提前用伞戳一戳来确认是否安全。

但不管怎么说，在星空、月夜下打伞会感到有些难为情。于是，我想到了拄手杖。过去我也用过，不过总觉得太引人注目，所以就不再用了。我把手杖找出来一看，共有三根。一根是英国的，打开手握的地方后，就会张开变成一把椅子。英国的绅士倚着这个看板球比赛，估计很时髦吧。不过这根手杖很重，散步的时候没办法带着。剩下的两根满是伤痕，"晚上出门无所谓"也说不通，就算不在乎别人的眼光，自己也会感觉难为情。

如此一来，不买一根新手杖是不行了，这样想着我又去了商场。我问手杖专柜在哪里，却被店员反问，因为没有这种专柜。不过我还是去店员告诉我的地方看了看，那里杂乱地摆着几根手杖，哪一根我都不喜欢。我又去了另一家商场，那里也是一样。那天我只能放弃，然后回家了。

后来有一天，我鼓起勇气，去了一家更大的商场。这里的商品种类齐全、货品丰富，我索性就买了最贵的手杖。于是，从第二天开始，我的散步又增添了新乐趣。手杖碰到石子凸起的路面会发出"咯哒咯哒"的声音，和高跟鞋冷冰冰的"噔噔"声截然不同，有情趣且可爱。一回到家，我马上很珍惜地用除尘布擦去它上面的尘土。但是，不久我就觉得麻烦，散步回来直接就放在玄关了。

就这样，新鲜感逐渐消退的某一天，我读到了一位知名手杖匠人的话。我第一次得知，手杖的长度必须和使用者的身高相称。当然，商场的店员并没有告诉我这件事。他们不知道吗？

我看了这句话之后，马上就不淡定了。如果非要找到适合自己的手杖，那么市面上现成的商品可能是不行的。我索性找到这个名人，定做一个手杖吧。现在尚在思考中。

09

〔 "小心脚下" 〕

在旅馆住宿时，
千万别穿邋遢的鞋。

听说外国总统的夫人有几千双鞋，我大吃一惊。大概因为实在是太多了，才成了新闻吧。我还听说欧洲的一位高贵显赫的贵妇人在旅行时，总要带几十双鞋，一天之中要换很多次鞋。

这样看来，我们很可怜，只有一双鞋。从早上出门到晚上回来一直穿着，别说换了，连脱都不脱。有的人认为，每天换衬衫、打领带是上班族的美学。但即使是这些人，也没有惠及至鞋。今天穿的鞋，明天继续穿，后天依旧穿，毫不在乎。大概周身上下所有衣物，没有比鞋更辛苦的了。

出去旅行，穿这样邋遢的鞋并不合适。路途中暂且顾不上，不过到了目的地后，我还是想让脚放松放松。这是我年轻时候学到的，在旅馆住宿时，千万别穿邋遢的鞋。看管鞋的大叔是通过鞋来评定客人的，再用招呼客人的声调把信息传递给其他人。据说，如果穿着奇怪的鞋，就会被带到不好的房间。因为我最近很少在日本的旅馆住宿，所以并不担心被人看鞋。但如果是旅行的话，那就没有比"小心脚下"更重要的事了。只不过，带替换的鞋出门是比较困难的。带替换的衣服很简单，但不能也把鞋放进包里。无奈，只能穿着平时的鞋出远门了。

话说回来，我每天都坚持散步，最重要的同伴就是鞋。但我并没有为散步准备特别的鞋子，只穿穿惯了的鞋，自认为这样对脚的负担最小。不知道从什么时候开始，健步鞋开始流行起来，连不怎么散步的人都谈论着健步鞋，对此我反倒觉得很不痛快。

这几天，我在路上走，要么摔倒，要么差点摔倒，我估计是因为鞋子磨损得太厉害。我想买一双新鞋，于是来到了商场，首先映入眼帘的就是健步鞋。凡事都要一试。伸脚一试后我发现，其实感觉很不错。很快，我就不想脱下来，决定买下它。

要说这一双就够了。不过，我总感觉内心不能平静下来。大概是因为，想来买商务鞋的心依旧蠢蠢欲动吧。我去商务鞋的柜台看了看，好鞋令人眼花缭乱。我决定买一双。意料之外，价钱很便宜。我觉得真值。

同时我也产生了买更高级鞋子的冲动，于是又买了一双高级鞋。店员一定认为我是个越买东西越贵的奇怪客人。

我拎着三双鞋回家，家人吃惊地发出"啊"的声音。刚喘了口气，我就去赴约见面了。去的场合需要脱鞋，我想穿新买的高级鞋去，但是我想起老人说，新买的东西不要从黄昏或夜里开始使用，而且那种地方会有人穿错鞋，还是小心为好，所以我对鞋子又重新进行了分类。像这样，因为鞋子产生烦恼，也是很快乐的事情。

10

〚 换种材质也是换种感觉 〛

打算换种感觉时，
我想到了毛手套。

我的一只手套不知丢在了什么地方。如果干脆两只同时丢了，会更容易让人放弃，但如今只留下一只，就成了"未亡人"。衬衫的袖扣也是如此，留下来的单侧纽扣太多，实在难以处理。我满怀眷恋地保存着本该扔掉的东西，甚是碍眼，幸存下来的单只手套也不知如何安放。

天气寒冷彻骨，又不能不戴手套，我只能重新购置新品。我忌讳买丢失那款手套的同款。在打算换种感觉时，我想到买一副毛手套。

很长一段时间，我一直戴着皮手套。说到毛手套很容易让人联想到小孩子戴的那种两只连在一起、从肩膀上垂下来的手套。女人们最近也都戴着皮手套。男人，也只是在年长的老年男性当中偶有看到毛手套。我从没想过尝试戴戴毛手套。到底吹的是什么风，让我想尝试毛手套呢？

皮手套颜值高，但是从佩戴舒适度来看，有些地方并不理想。或许手套的舒适度由皮质的好坏决定，有的手套会让人感觉手指干干的，相反，有的又会让人满手出汗，无论哪种类型都不是十分舒适的。

虽说皮手套的接口缝合处不够平滑也是无可奈何的事，但手指不能屈伸自如，有时会感觉自己的手像机械手一样。在拿硬币和车票的时候不能做到屈伸自如，必须一次次脱下手套。戴戴脱脱，所以有时皮手套就会掉落或丢失。如果买毛手套，我想买羊绒的。说不定我是想买羊绒的，才不想再买皮手套的吧。这样一想，我格外地想要羊绒手套。一直以来，我都没有注意过市面上是否有羊绒手套，也不清楚戴的感觉如何。我问了问家人，也只是回答或许有吧，回答得十分不确切。

总之，只要去百货商店就能知道。去了之后，我发现羊绒手套有很多价位。我告诉店员要最高级的，对方说那就是百分百羊绒的，然后给我看了几副。我突然想起了曾经看过的美国杂志，报道说现在声称叫羊绒的羊毛，大部分产自克什米尔以外的其他地方。

现在这时候，这些都无关紧要。得到店员保证说这是最好的手套，于是我决定买下这副。虽说这副毛手套是最高级的，也比皮质的便宜很多，如果将来丢了，再买也不会觉得心疼。

我戴上一试，实在是太合适了，即使是小东西也能戴着手套抓起来。而且，毛手套更有一种皮手套不具备的、柔和的、说不出的温暖感觉。我不由得后悔起来，为什么不早点买副毛手套。

我一直没有意识到，或许自己特别喜欢羊绒吧。御寒物品大多是羊绒的，买了羊绒手套后，就备齐了全套。

第二天一早，气温骤降。我套上羊绒坎肩，围上羊绒围巾，穿上羊绒外套，然后戴上新购置的羊绒手套，气宇轩昂地出了门。遇到的每一个人都说好冷、好冷，然而我却丝毫不感到有寒意。

11

〖 别人的私物不必羡慕 〗

不要把钢笔和妻子借给别人。

在一次聚会上，我意外地见到了一位久未谋面的编辑熟人。我说你看起来很精神啊，结果对方竟回答说最近正因腱鞘炎而苦恼。听说，要在手心一侧的手指根部打针，"疼得要死"。这个人很擅长写作，所以才得了这种病吧。我暗自想正所谓写作人的另一面是伤病吧，但嘴上没说出来。

之后我想了想，自己并没有写那么多，所以应该不会得腱鞘炎吧。不过已经上了年纪，还是严禁用手过度，所以我还是下决心买一个吧。

要说我要买什么，我要买钢笔。虽然不是什么非要下决心不可的大事，但我却一直犹豫不决。

那时，天气还有点冷，我和一位实业家兼随笔作家的友人见面，一起度过了一晚。在我想要找笔做笔记的时候，他很快掏出钢笔递给了我。那是一支酒红色，很时尚的钢笔，男人用这个颜色也不奇怪。我随手一试，竟然很好用。我重新端详起这支笔，是德国产的某"P"

牌子钢笔，很有名，我也有一支，虽然也经常使用，但这支好像比我那支高级得多。用这支笔时，我感觉自己的丑字也变得稍微能看了。我瞬间就想要这支笔了。

在欧美国家，钢笔是不能借给别人的，据说，甚至有句谚语叫"不要把钢笔和妻子借给别人"。与我们不同，他们的钢笔是用来签名的，如果签名与以前的不同就糟了。这是自然，如果是同一支钢笔，那么无论什么时候都能写一样的签名。不小心把笔借给别人，导致自己的签名发生微妙变化的话，就出大事了。因此，不借钢笔也是情理之中了。如此看来，我们都太大意了。在对方递过来的文件上签字时，如果对方很机灵的话，会递上自己的钢笔或圆珠笔，说"您请用"。

使用没用惯的别人的笔，不可能好用。话虽如此，但是偏巧常常因为别人的笔好写，而喜欢上人家的笔。类似的事情我经历过很多次。正如"隔壁花红"一样，所以才会觉得"他人笔好"吧。

我想要和熟人同型号的"P"牌钢笔。去大型文具店或商场的时候，我都会顺便扫一眼橱窗，确实有同样的钢笔。钢笔的价格虽高，不过并不是买不起的价位。既然如此，我还是赶快买了就好了。不过我一直在犹豫，过了几个月也没有下定决心。连我自己都着急了。

原因之一是我现在手头上的钢笔多得用不完。有在茶室写书信用的法国的 W 钢笔。写稿用的是德国的两支 M 粗钢笔。还有和熟人同品牌的 P 钢笔。还有瑞士的 C 钢笔和美国的 S 钢笔。每支钢笔都加满墨水，随时能用，有的钢笔三四天也用不上一次。这时候再买新的，"失业"的钢笔又会增加，真是太可怜了。

话虽如此，但我还是想拥有那份书写的顺滑。这种心情随时间流逝，甚至越发强烈。这时我偶尔听说了腱鞘炎的事，必须保护好手才能写字。我肚子里的蛔虫在我心里大喊：别那么小气，赶快买！我下定决心，趁这个假期仔细挑一个，就买下来。如果不在门店试笔，我就挑不到心仪的笔，但是在店员面前慢慢地书写再进行比较，我没有那个勇气，因此又失败了好几次。

12

初学者的好运

老年人学围棋,
作为锻炼大脑的体操是极好的。

双方交替下子，一人一手；对手棋子被围住便可提子；占地最多的一方获胜；有禁着点；有"劫"这个规则。

"虽然大家都说围棋很难，但是围棋只有这五个规则。只要掌握这些，就能下围棋了。"

我眼前的围棋八段石仓升如是说道。这一番话令我恍然大悟。

我身边有几个喜欢围棋的人，所以早就知道围棋很有趣。有句老话说"下围棋的人顾不上给父母送终"，围棋就是这般令人着迷。虽然围棋很有魅力，但是必须背棋谱，太麻烦了。我一直告诫自己，围棋不是懒惰的人该接触的，所以我从没想过要下围棋。

对胜负不感兴趣，这是我不下围棋的另一个原因。我暗地里一直将"不与己人争"作为自己的信条。即使是棋盘上的游戏，若因为"赢了"或"输了"而红了眼，我认为这很可悲。也有人劝过我下围棋，但每次我都不为所动,说"自己不适合"。

虽然我是这样的人,但总是有朋友想让我下围棋。朋友估计我主动下棋的奇迹不会发生,所以进行了"奇袭作战",找了几个全是对围棋一窍不通的人,准备了一个会场,在这里接受石仓老师的入门指导。然后,朋友也没有询问我的意见,就把我列为其中一员。

我知道连下棋手法都不知道的新手们,接受高段大师的个人指导是多么的浪费。朋友热心推荐:"这是千载难逢的机会呀!"事已至此,我也无法开口说"不去"。虽说嘴上放弃拒绝了,但我内心也产生了"那就去看看"的想法。

指导课在酒店顶楼的俱乐部里进行。老师教给我们开头说的那五条围棋仅有的规则,然后就马上开始实际布棋了。虽然我还是一窍不通,但总觉得踏进了新世界的大门,因而内心充满紧张感。

老师作为我的对手。当然,老师让了我几个子,但最终却是老师输,这令我觉得很不真实。我听说相扑新弟子第一次训练的时候,师兄们绝对不会把他扔飞,而是故意输给他,并鼓励他说"很有天赋"。如若不然,新手就会失去信心，放弃训练然后回家了。"初学者的好运"似乎很有必要，这句话忽地在我脑海中闪过。不过，围棋中的让子和比赛中故意输掉，理由是不同的。但总归，能赢就是开心的。虽然我是因为胜负而对围棋敬而远之，但胜利还是很不错、很有趣。

现在我岂止是好年纪，简直是一把年纪了。这个岁数才开始学习深奥的围棋到底是怎么想的？虽然不会有人当面问我这样的问题，但肯定有很多人会这么想。

不过到了我这个年龄，也没有精力去管别人怎么想了。老年人学习围棋，作为锻炼大脑的体操是极好的，这是我为自己考虑的理由。

对于我来说，如果有进步，自然不会感到焦虑，即使不进步，也能保持内心平静。赢不了也无所谓，而赢了就是赢了，会成为继续下去的动力。

PART

4

爱上杂念

在适合自己的节奏里，
过好这一生

01

[离开的心情难免喜忧参半]

在已经退休的人心中,想要回首过去的心情和离开久留之地的悲哀各占一半。若各位能佯装不知,我将感激不尽。

"人为什么要退休啊？我明明还这么精力充沛！"

一个平日里十分温厚的人，用自暴自弃般的语气这样说道。也正因是这样一个人说出的话，让我不由得怔住了。他并不是想把这些话说给谁听，而是想把心中的别扭一吐为快吧。

我收到了他寄来问候的明信片，说今年春天自己到退休年龄了。"他也到了这个年龄啊"，看到明信片，我怔怔地凝望着纸面。无论明信片上印制的文字是多么平和，当事人总会有那么一两次在内心深处小声嘀咕"人为什么要退休啊？"，一想到这些，我的心里就会产生深深的感触。

有一位前辈，从工作了很久的单位离职并跳槽到一家新单位，他曾经和我说过这样一番话："有时，出了家门往左走，走了一会儿，挠了挠头，又向反方向走去。向左走是去以前的工作单位，去新单位要向右走再坐车。"可见习惯是个可怕的东西，这种略带苦涩的心情，非得亲身经历才明白。可若成了年轻人之间打趣的玩笑，那就太可怜了。

英国散文家查尔斯·兰姆[1]写的有关退休者的随笔文中，有这样一段文字：已经退休的人访问原来的工作单位，看见原来挂着自己帽子的帽架上，挂着其他男人的帽子，就觉得心里很别扭。

我年轻时读到这里，觉得这很不可思议：为什么会在意这种事，那不是理所当然的吗？换言之，那时候的我还什么都不懂。而如今，我能设想到最深刻的寂寞就潜藏在这种平常的地方，这份寂寞会猝不及防地忽然袭来。

不过，不论是年轻的我还是现在的我都依然认为，如果不是满不在乎地回原单位，就不会看到这些。但确实有人在退休之后，依然能够从容地回去，轻松地和大家聊天。我很羡慕能这样自然应对的人。但是那些害怕面对像兰姆那种心情的胆小鬼，是不会靠近这种充满回忆的地方的。

---

[1] 查尔斯·兰姆（1775—1834），英国散文家。兰姆生活在18、19世纪之交，早年和其他英国热血青年一样，受当时全欧最大政治事件法国革命的影响，结交了一批思想激进的朋友，一同著文办刊，与反动保守势力相斗争。滑铁卢一战，拿破仑失败，欧洲形势大变，封建势力复辟；英国政府的政策日趋反动，兰姆的朋友们也走向分化，有的受舆论围攻，有的受审讯下狱，有的流亡国外，有的思想转为保守。在这种形势下，兰姆的文章只谈日常琐事。——译者注

今年三月末，我也卸下了兼任五年的职务。退休不过一个月，我已经半体会到了退休人员的心情。我从现在开始就已经担心真正退休后自己会很难过。见到的每个人都会对我说"您辛苦了""现在轻松了吧"之类的话。虽然我明白大家都是出于好意，但还是觉得很烦。我只想一个人静一静，但我不能说出口，只能敷衍几句，想办法逃离这些场合。在已经退休的人心中，想要回首过去的心情和离开久留之地的悲哀各占一半，听局外人说虚情假意的话，真是让人无法忍受。若各位能佯装不知，我将感激不尽。于是，我决定不给任何人写退休问候之类的信。

几天前，我遇到了一位原来单位的人，和我说："您的茶杯还在这里，欢迎您回来喝茶。"我吓了一跳，我以为我的个人物品都已经带走了，可竟然忘记了茶水间的茶杯，真是疏忽了。或许是太过吃惊，我不记得自己当时是怎么回答的了，但我不会因为茶杯而若无其事地出现在人前。而且，我也不喜欢把常用的东西放在已经毫无关系的地方。

但我不露面怎么能拿得回茶杯呢？不过，劳烦别人帮忙也是无趣。在思考到底该怎么办的时候，我又忙于其他的事，这件事就这样搁置了。

# 02

猫不会因鱼刺浪费时间

因为一根鱼刺而浪费半天时间的话,
早就饿死了。

我曾和朋友们一起组织了一个"馋猫聚会",我们到处去吃鱼,只要在餐桌上看见鱼,就没有不高兴的时候。然而,有天中午,不知道是怎么回事,我不太想吃那个鱼干了。不过没办法,我还是夹着吃了一点,结果鱼刺卡到了嗓子。我试着吞了一口米饭,不管用。喝生鸡蛋,也不行。不过好在不是很痛,所以我想先这样不管,暂且观察观察。

鱼刺扎在我的嗓子里,实在是不舒服。我感觉鱼刺好像离嗓子眼很近似的,于是我伸手指进去,使劲掏了一下,没有成功。当晚,我虽然正常地吃了晚饭,但嗓子还是有点刺痛。别无他法,我只能第二天去医院,让医生帮忙取出来。这样决定后我就睡了。

我有位很久没见的朋友开了一家耳鼻喉科医院。早上,我给他打了电话,对方说:"趁着还没吃早饭,赶快来。"因为我一直不吃早饭,所以谈不上赶快,但我前一天晚上吃了晚饭,这也是无可奈何的事。多年未去,我对周边环境全然没有印象,但对方亲切地说会亲自来车站接我。这样的好意，只有在这种时候才格外打动人心。

他看了我的嗓子以后，非常生气，说有小面积的内出血，问我是不是吞过米饭之类的食物。我实在说不出口，其实我还用手指使劲掏过。"吞米饭能除掉鱼刺，是非常离谱的迷信。漱口或者呕吐才是真正有用的。要不然，就搁置不管来看医生。"他教育我道。

话是这么说，但鱼刺还是取不出来。他让我自己拉着舌头。但是我一拉，舌头反而往里面缩。"本能反射相当灵敏啊！"他小声说。试了好多次还是不行，鱼刺好像卡在了相当麻烦的地方。

"这种情况，外国人都能轻松地把舌头伸出来。"他说道。可我不是外国人，就算这么说，我也轻易学不来。原以为一两分钟就能取出，没想到这么麻烦。我正担心这么大费周章会影响他后面的工作时，他对我说："我给你介绍个更好的医院，你去那里取吧。"我一开始以为他在开玩笑，并没有当真，可没想到他是认真的，因为他正在给那家医院打电话。

他说给我介绍的医院，就在旁边车站的前面，一眼就能看见。我步行前往，到底在商业街的哪里啊，一时间竟然找不到。我只能去派出所问问，可也看不到派出所。我在街上询问，终于在一个相当远的地方找到了派出所，这才终于弄清医院在哪儿。

这是家气派的医院，候诊室里有许多患者在等待。我马上想到这么多人排队，必须联系后面候诊的人，更改就诊时间才行吧，于是做好了这样的心理准备。我正准备看书时，没想到很快就叫到了我。果然是因为介绍来的吧，我有些不好意思。

院长看了我的嗓子后，马上问："您用手使劲抠过吧？"旁边四位护士都笑得很微妙。她们肯定在想：一把年纪的男人了，居然还做这种事。我虽感到难为情，但也不能遁逃离开，只得闭上眼睛。

医生说要给我做表面麻醉。我虽然不清楚具体是什么情况，但一听要麻醉，就感觉不妙。这下可不得了了，我嘴里含着药等了一会儿，才终于把鱼刺取了出来。院长说："就是这个哦，要拿回去留作纪念吗？"或许我把它带回去更符合礼仪（虽说并不知道符合什么礼仪），于是我就用纸包好带回来了。鱼刺到现在依然在我的桌子上，我会经常看它一眼。

如果猫也因为一根鱼刺而浪费半天时间的话，早就饿死了。

03

照相站位的讲究

想站在后排需要费些功夫。

我一直都不喜欢照相，站在相机前，总觉得自己像是做了坏事的人。许多人一起合照时，会说"cheese"（"茄子"），还要露出假笑，这不可能有趣。拍摄的人从取景器盯着我们看，也让人感觉瘆得慌。

拍合照的时候，三个人一起拍是最不好的。小时候听说三个人站在一起拍照，中间的人会死掉，现在应该不会有人把这种话当真吧。但有的人在年轻时深深刻进头脑中的事，无论到什么时候都不会忘掉，我就是这种人之一。

三个人中站在中间的人，往往是最年长的人，所以先去世也是正常次序，没什么奇怪的。旁边的两人也总有一天会死，只不过比中间的人晚一些而已。但如果顺序反过来就麻烦了。中间的人会先死，这一点大家都心照不宣，但也不能理解成"马上就会死"。随着年纪的增长，我越发在意这些事了。

为了避免三个人合照，我会招呼其他人一起拍。如果找不到别的人，只能三人合影时，我会先在一旁静候时机，然后顺势站到边上。不过，年纪大了之后，再这么做就显得不自然了，感觉自己的企图会被看穿，而倍感羞愧。

不过，值得庆幸的是，如今拍照不再像以前那样乱作一团了，甚至都不说"拍照"，像偷拍似的一下子就拍完了。这样一来，也无所谓站在中间了。不过，我会避免看之后发过来的照片。

聚会好像总是附带着拍纪念照。很多人一起合照还是很放松的，但也很让人内心焦急。赶快拍就好了，但总是拖拖拉拉的。快要拍的时候，摄影师一下子跑了过来，是谁的领带歪了吧，然后回到相机后往这边看，似乎又发现哪里不妥，又跑了过来，把谁的哪里又调整了一下。"还不快拍吗？"等待让人的心里很是焦急。明明业余摄影师都能轻松地做到抓拍，怎么专业人士拍张合照要花这么大工夫，让人难以理解。

终于要按快门了，可是等待太久已经疲惫不堪的人们，对着闪光灯都闭上了眼睛。也有摄影师会提醒人们不要眨眼，不过被这么一提醒，反而大家都会闭上眼睛。

某照相馆的摄影师，马上要按快门的时候，会让大家闭上眼睛，几秒后再睁开，然后在大家睁眼的一瞬间按下快门。这样一来，就不会有人闭眼睛了。这招果然厉害，让人佩服。

拍纪念照的话，可以不必像三人合影那样担心站在中间。但我也有顾虑，站成几排拍照的话，我最怕站在第一排，会被站在后排的人压迫，而前面还要直接暴露在相机的压迫之下。后排的人是站着的，但前排的人是坐在椅子上的，很不稳定，而用脚站着会更有利于保持稳定。所幸，有的人好像喜欢站在前排，所以站在后排的人，可以假装表现出一副谦逊的样子让出前排，实际上顺了自己站在后排的心愿。这与三人合照避免站在中间的辛苦相比，不值一提。

话虽如此，随着年龄的增长，我身边的人会变得啰唆，渐渐地站在后排变得越发困难，想站在后排还需要费些功夫。

04

【 最难的事就是自然地表现自己 】

对夸奖自己的人,
会自然而然地打开心扉。

"肩膀再放松一些。"

摄影师这样说道。我并没有用力,但是既然对方说了"放松些",应该自己还是用力了吧。但我也不知该如何是好。注意力集中到肩膀附近,感觉就更加奇怪了。

"放松,请自然一点……"

摄像师又说道。我一把年纪,听到这话有些不好意思。

大约是前年,我嗓子里卡了鱼刺,去看医生的时候,医生和我说"嗓子深处要放松"。可我越想放松嘴里却越用力,让医生越难处理。到底是为什么,我也不明白。

鱼刺不会总是卡到嗓子,所以还好。但是拍照经常有,每次拍照我的内心总会袭来奇怪的感觉,渐渐感觉自己不适合拍照。

原来这是"被拍照"这种观念在作怪,好像是唤醒了平日里沉睡的睡眼一般,内心紧张、身体僵硬。我感觉照片里的是自己,却又不像自己。最近,我觉得这是由压力造成的。

到了奥运会正式比赛时，选手会因为败给压力，导致成绩不佳而哭泣，还有人会想"如果赢不了该怎么办"。而拍照时肩膀都不能放松，因此倍感难为情的我，对运动员的这种心情能够感同身受，很是同情他们。

不知不觉间被拍也很无趣，不过因为人没有意识到镜头，所以会很自然，很多时候我喜欢和别人聊得入神时被拍到的照片。但也不尽然，有时摄像师会要求我"聊点什么"，那样刻意为之的对话不会顺利进行。如果拍照的是业余人士，心情还是很轻松的；但如果是专业人士，拿来一些夸张的拍摄工具，一下子就让人感觉正式起来。

大家一起拍纪念照的时候会说"cheese"（"茄子"），这样说的时候嘴角会上扬，这是美国传来的方法。不过对于患有拍照综合征的人士来说，无论说"cheese"（"茄子"）还是"butter"（黄油），都效果甚微，反而表情更加僵硬。

也就是说，世界上也有"不会演戏"的人。在他们看来，在人前能表现自如的人是不可思议的。然后他们就会慢慢明白，世上最难的事就是自然地表现自己。

九州有一家照相馆，因为人物照拍得很好而颇具口碑。怎样能拍出好照片呢？据照相馆老板透露，秘诀总的来说就是要赞美客人，即使难以赞美也要赞美。

拍照的客人，虽然自己意识不到，但其实表情都会变得僵硬。这家照相馆老板根据经验，明白无论怎么说"不要用力"或"请放松"都是没用的，所以想到了从弱点进攻，那就是赞美。被专业的摄影师赞美，没有人会心情不好吧。紧张得以缓解，心情变得舒畅，对夸奖自己的人，不必拘谨、造作，因此会自然而然地打开心扉。即使是受缚于"要拍照片了"的意识，听到令人高兴的话，人也会放松下来。这时适时地"咔嚓"一声抓拍得到的照片，甚至连本人都会为之震惊。真是了不起的智慧。

前几天，也是例行公事，我拍了直到最后肩膀也没有放松下来的照片后，一边啜饮着咖啡，一边问给我拍摄的摄影师："你们自己被拍照时，内心很平静吧？"结果对方笑着说："我可是紧张得浑身都僵硬了呢……"

05

〔 陌生的好意最难能可贵 〕

对无足轻重的东西表现出好意,
才更显美好。

我总觉得自己有些恐高，不过我曾经听说：知性的人大都恐高，于是也就稍稍放心了些，虽然后来也感觉这句话是没有道理的。

几年前，有次我坐单轨列车去羽田机场的途中，在整备场站下了车。这一站位置极高，碰巧赶上施工，站台的结构很简单，就是管道支撑铁板，所以能从缝隙看到下面。感觉离地面有二三十米，我的腿一下子就软了。轨道附近的缝隙更大，一想到"掉下去可怎么办"，我的腿就动不了了。有类似担忧的乘客应该不少吧，后来相关部门得到了提醒，为了防止乘客掉落站台，就在乘车口都安装了栅栏。

即使不是这种高得让人害怕的地方，如车站站台也很可怕。站台上有横冲直撞的绅士、撞到别人背包或手提包的君子和肆意横行的淑女。列车进站时，就算对方无意为之，可一旦被谁从后面推了一把也会掉下站台。如果这时电车进站会是什么后果。一想到这儿，我就实在不明白那些在站台边缘行走的人到底是怎么想的。被撞下站台，被列车碾轧死亡，自类似事件被报道以来，我就对站台格外小心了，只会在白线以外几十厘米的地方行走。这是经过计算的距离：万一被绊倒，也不会掉下站台。

前几天，在一个天气炎热的午后，我从新宿站走出来。台风还没过去，风还很大，我想被吹跑可就糟了，所以一直走在中间。我想做一下备忘，找到了一个带镜子的台子，打开背包，拿出写了一半的记事纸，开始记录。这时，我感觉右边有人在向我靠近，转头一看，是一个青年人。他好像若有所思的样子，想要开口却有些顾虑。

我马上想到的是，他是不是想提醒我"不要在这种地方打开背包"，还是想说"我想用镜子，麻烦您让一下"，不过，无论是哪种情况，我都得做些什么才行。我做好了准备姿势。

青年人的语调惊人地平静：

"您打开包的时候，一张白纸被吹跑了，就在那里。"

他说道，像是在催促我一般。

我把包放在台子上，跟着青年走过去，在距离轨道稍远的地方往下一看，一页笔记掉在了下面。

"和车站工作人员说一声，请他们帮忙拿上来吧。"

青年自始至终都很热心。其实没必要麻烦站台工作人员，因为我记得自己写了什么。

"不用了，不要紧的。"

我这样说道。青年人用难以理解的语调说：

"不要紧吗？真的？"

在那些总怕自己被谁推下站台的人看来，青年的热心是极其美好的。"但如果被风突然吹走的不是纸，而是钱，他依然能这样热心就好了"，我这样想着，而后突然意识到，不，不是这样的。正因为是一张无足轻重的纸，这份好意才更显美好。

遇到这种情况，我总会在事后感到不安。因为事发突然，我常常不记得自己是否好好地向对方表达了感谢。

新宿站站台突然刮起了大风，之后我感到格外地神清气爽。

06

⟦ 谈话有趣，食物也会美味 ⟧

店主向我们致意："本想向大家介绍一下料理，但你们说得太起劲，于是我就放弃了。"如此细心周到。

我曾经倾听过一位刚来日本的美国人的苦恼。这位美国人来日本已经几个月了，却没有一个日本同事邀请他去家里做客。他想：难道自己就那么不受欢迎吗？在美国，人们会不断地被邀请去参加家庭派对。大约是过惯了那种生活，因此没有这种机会后，人怕是会患上"聚餐匮乏症"吧。

听到这样的话，我们感到惊讶不已。十几、二十几年都在同一个地方工作的同事，没去过彼此家吃饭一点也不奇怪。如果去过，则是比较特别的关系。

虽然不在家里请人吃饭，但我们会在外面聚餐，餐饮行业因此而繁荣，这也是可喜可贺的事。不过，我们其实都不太喜欢派对，难道不是吗？无名义，不聚会。聚会不仅需要付会费，料理还不好吃，总觉得聚会徒有形式，难以产生愉快的回忆。不过有时出于义务，我们也只能无奈出席。

因此，我们不能体会边聊天边吃饭的喜悦，也不懂得有了食物,谈话会变得有趣;谈话有趣,食物会更加美味。至少,在很长一段时间里,我都是不懂的。

然而,有一次,我和一位交心的朋友,没什么特别的原因,只是见面吃了饭。我第一次体会到相聚吃饭是多么愉快的事。比起食物的味道,欢谈的乐趣更令我印象深刻。

被交心的朋友邀请吃饭,尤为难得。从聚餐前几天开始,每每想到要去聚餐,我的内心都会兴奋不已。我会有各种想象,如果是没去过的店,会是什么样子的,内心愉悦不已。在不是太高级的地方聚餐会更好,铺张奢华的店,不利于彼此间的畅谈。如果餐厅过于高级,我也不阔气,会让对方产生顾虑,那就无趣了。找一个称心的地方是比较难的。

谈话要在吃饭的时候进行。我希望菜能上慢一点。听店员得意扬扬地介绍菜品,我实在是烦,觉得会打断正浓的谈话兴致。

一位亲密好友曾请我去一家店吃饭。离开的时候,店主向我们致意:"本想向大家介绍一下料理,但你们聊得太起劲,于是我就放弃了。"如此细心周到,让人很是感动。后来,我经常去那家店。

请别人吃饭,和被请的快乐是不一样的。被请客多少会有些负担,不过请客正因为没有负担内心会很轻松。看着请来的客人笑眯眯地吃着饭,虽然这么说十分不礼貌,但是不知怎么,内心也会生出些优越感。那些别有用心地招待工作伙伴的人,想必也是这样的心理吧。

总而言之,以聚餐为陪衬,漫无目的地谈话,本身就很愉快。我想尽可能多地创造这样的机会。我会说"有机会,我们一起吃饭吧",然后再和对方告别。不过,这样的机会总是难以到来。而我一想到"有机会一起吃饭"的情况累计多了起来,就感到呼吸困难起来。

07

【 安心走路,注意脚下 】

有时被要求注意脚下,
也是一件幸事。

我不想走路了。虽然有人说"人要多走一走",但就算我想走也没有路可走了。说没有也不是完全没有,只是路不太好。人们常说的"道路有改善"指的是行车道,人行道却很可怜。

不过能有人行道,我们还是心怀感激的。道路两边都笔直地画着白线,我有时会走到白线外面去。如果不躲着点儿,也很容易被车刮蹭到。

但也不尽然,有的地方也有特别宽的人行道,铺着瓷砖一样的装饰,实在让人喜欢不起来。人可能会被身后无声无息靠近的自行车撞到,或被鸣笛驱赶。在骑车的人看来,走路的人实在是太碍事了。但从行人的角度来看,虽然是自行车那也是车,想对他们说请走行车道。如果自行车骑进人行道,请再慢一点可以吗?

妨碍人们安心走路的,不只是自行车,道路本身就不平坦。不知为何,路上到处都是凸起,想用脚踩踩看,却是块凹地,脚就悬在了半空中,就是这般坑坑洼洼的路。有些地方的路面会突然鼓起一块,简直要把人绊倒。已经走惯的人不会生气,而是庆幸自己足够幸运没有被绊倒。

街角也不尽相同。人行道变行车道的转弯处尤其危险,一不留神就会摔倒。有时像这样被迫注意脚下,或许也是一件幸事。

走在路上的人也常常里外参差,像凹凸的路一样。狭窄的路上,如果人很多的话,难免会互相碰撞、互相接触。一位生活在日本的美国人这样写道:"日本人和人打招呼的时候,明明很少肢体接触,但走路时会没有目的地和别人接触,还能一脸的不在乎,真是不可思议。有时我也会想'他们是不是故意撞我的'。"而我们不会对此感到惊讶,即使被撞到了也一脸平静,觉得只是碰到而已,没什么大不了的。

不过最近,也有人想避开这样的接触,而我们为此感到自鸣得意还为时尚早。因为早在很久以前的江户时代,在拥挤的市区里,人们擦肩而过时,为了不碰到彼此会避开对方身体,互相收回自己的肩膀。这是江户的做法,也是高素质市民的礼仪,现在平成的做法则和江户人相反。擦肩而过时，人们会向前伸出肩膀，几乎没有人收回肩膀。现代人就是这般"积极主动"。

阴雨天格外让人忧郁。坑坑洼洼的路，平时就很难走。打着伞走会怎样呢，人们对此未加思考便修成了路。在勉强可以走的路上，即使身体能够收拢，雨伞也不能收拢，于是雨伞不断地互相剐蹭。拜其所赐，伞也坏得更快，卖伞的商家一定很高兴。

平成做法一点点传播开来，但是目前，似乎还没有波及雨伞，在路上尽是些我走我路的猛士。如果有人稍微把伞往外倾斜一点，我就会想偷看一眼对方的脸。不过，就算想斜着伞，电线杆或商店的遮窗篷也会碍事，所以人也不能随心所欲。当然也有些品格高尚的人，会故意把伞举高。

所谓步行者天堂，应该就在凹凸不平的道路尽头吧。

/ 08 \

爱自己就去游历

人生应于杂乱之处彰显强大。

有人说：人分两种，一种是住自己家里走读，一种是寄住在别人家走读。两者将来的所作所为是不同的。

前者总是落落大方、举止沉稳，但是不够机灵。很多人意识不到自己的任性，都是"少爷"。

而后者则足够心细，且懂得自我忍耐。如果用刚才那个人的话来说，有寄宿经历的人在各个方面，都比在家走读的人更能得到做人的磨炼。不过，前提是寄宿的人家里必须有可怕的阿姨。而如今"不加管教"的寄宿生活，培育不出这样的寄宿生了。

确实，在真正的寄宿生活中，会遇到在自己家里无法想象的各种各样的事情。即使去个洗手间也有顾虑，因为介入了他人的生活，紧张也在所难免。

从前人们说"要让孩子外出游历见世面"。最近，似乎有不少学生以此为借口，向父母要钱，自己出去旅行。但前文提到的并不是这样的旅行。如果现在硬要追求那种旅行的话，那就是寄宿。"把心爱的孩子送去过严格的寄宿生活吧。"

如今的父母都很溺爱孩子,怎么会让孩子寄宿在被阿姨责骂的宿舍?他们会让孩子住在公寓里。这样一来,即使距离变远了,也和在自己家走读是一样的,自以为是的毛病是改不了的。

对任何人来说,没有比不吃苦更幸福的了。总的来说,在自己家走读,吃的苦少。这种生活具有不受风吹雨淋,无忧无虑长大的名门式特点。另一方面正相反,在寄宿生活中会经历一些小的文化冲击,从而使人变得坚强,具有杂种混合特质。

任何人都向往名门式环境,这是人之常情。但令人痛心的是他们的软弱,一遇到事就倒下,一旦倒下,就再没有站起来的勇气了。他们缺少像杂草一样的顽强特质:即使被反复地践踏,也能重新站起来。

被称作世家名门的家庭中能培育出名门人士,但却时刻充满着家族没落的风险。为了避免家族的没落,许多历史悠久的世家,运用其独特的智慧制定了家规。

如今的日本,不自知的伪名门变得越来越多,是不是有足够多的人都懂得"杂种混合人生"的好处呢?

历史教训告诉我们，一个仅由名门人士组成的团体，更容易走向毁灭。据说在如今的日本，10个人里有9个人认为自己是"中产阶级"。如果"中产阶级"的志向是成为名门人士的话，那就太让人感到无奈了。

上班族调任工作，大多数是单身赴任，因为父母不愿意让孩子转学。转学是塑造寄宿型孩子的绝佳机会，但父亲们总提出一些愚蠢的借口，比如"孩子转学太可怜了""成绩下降就划不来了"等。自己忍受着不自由的单身生活，还认为这就是父母之爱。

我认为引领今后时代发展的，是拥有"杂种混合人生"的人，即转学多次，且有寄宿经历的人。

这不仅仅指的是孩子和年轻人。有的人随着年龄的增长，也慢慢地染上了名门人士的毛病，除了自己的做法以外，什么都不喜欢。这份固执，很可能会削弱自己的能力。如果爱自己，就让自己去"游历"。人要时常记得"杂种混合人生"的好处。

比如从头尝试做一件事，即使进展不顺利，如果能使自己焕发活力，那就是最好的健康之道。

人生应如一本杂志，于杂乱之处彰显强大。

09

祖母的情趣

静谧庄重的氛围,能振作人心。

"如果附近有八十八座寺庙[1]的话,我想去参拜……"

这是我去四国宇和岛[2]时候的事。为我做向导的是本地人,提了两三个市内的观光名胜。我虽然说了"全凭您安排",但却提出了上面要求。

不巧的是,宇和岛好像没有八十八座寺庙。不过,向导带我去了八十八座寺庙中排名第四十二名的名刹佛木寺,就在距此车程30分钟左右的邻镇。去往寺院的道路连着石阶,走上去后,小小的寺院就呈现在眼前。寺院静谧庄重的氛围,令我感到心情振奋,真是太好了。这是在自己任性请求下,才好不容易来到的寺院,我还暗自担心,若是脏乱不堪可怎么好。

小时候,我的祖母非常疼爱我。她信佛,来我家

---

1 四国八十八座寺庙是指日本四国岛与弘法大师(空海)有渊源的八十八座佛教寺院。——译者注
2 宇和岛,日本四国岛西南部城市,属爱媛县。17世纪初兴起,1921年设市。工业以运输机械、木材、水产加工等为主,水产业发达,盛产柑橘,为沿岸航运要地。——译者注

时,也总在念佛。年幼时,一有机会,她就给我讲四国八十八所寺庙。这是上小学以前,我最早记住的地理知识。我觉得祖母很可怜,是不是对这个地方拥有过度的执念啊。不过,去四国,在当时来看已经是痴人说梦的远游了,而且遍访八十八座寺庙要花几个月,或许比现在环游世界还要困难。祖母的心愿始终没有实现。不过,为了祖母这样的人,人们在附近模仿真正的八十八座寺庙,修建了"新"四国八十八座寺庙。放弃去四国的祖母到这里转了转,也很满足了。虽然离得近了,但我记得也要花10天左右。尽管时间并不长,但却要全程步行。

之后过了几十年,我才第一次来到四国。虽然是来办事,但首先想到的就是八十八座寺庙。有一座也好,我也想去参拜。不知是不是因为祖母的执念移到了我身上。

对方让我住在德岛市内酒店,我拒绝了。不知道能不能行得通,如果可以的话,我想住在寺庙内。我提出自己的想法后,对方有些惊讶,不过可能觉得有趣,对方也有几个人和我一起住在了寺庙。我们爬上了山上的烧山寺[1],这里时常有野兔出没,我们就在山上过了一夜。

---

[1] 烧山寺,位于德岛县西郡神山镇真言宗寺庙,为四国八十八座寺庙中的第十二名刹。——译者注

祖母的心愿时常在我脑海中浮现，这多少有些奇怪，但我觉得，夙愿终于实现了。

此后，我每次去四国，即使和日程有冲突，我也一定会参拜附近的八十八座寺庙，有时会连续参拜好几座寺庙。算下来，迄今为止我已经去了八十八座寺庙中的三分之一，其中有的寺庙我还去了好几次。去松山的时候，我总是住在道后温泉。石手寺就在附近，我每次去松山都会去参拜，已经非常熟悉了。

四处参拜的过程中，我感觉到八十八座寺庙中的一些寺庙也沾染了世俗气息，为此我感到很遗憾。比如寺庙中开着商店，如果开在门前的市区，还无伤大雅，可开在寺庙里，就让人觉得很讨厌。来参拜的人都希望寺庙应该是远离世俗的，太贴近日常生活的寺庙，可能会削弱人们对寺庙的信仰之心。

从宇和岛出发来到的佛木寺，是一座既简单又庄重的寺庙，正因为如此，我才非常开心。

10

独步森林

偶尔该在土路上散散步。

早上的米饭里面混有黄色的小米粒，我一眼就认出是小米。在旅馆做事的妇人夸我："你们东京人懂得真多呀！"

我非常喜欢小米，所以不可能认错。不过现在买不到小米，所以很久没有吃到小米饭了。我更喜欢黄米年糕，前几年老家的朋友还会给我送黄米年糕，后来因为做年糕的农户不种田了，所以就不送了。

我说起这件事，这位妇人便对我说："我家每年年底都做黄米年糕，如果您喜欢的话，我送一些给您。"那时是夏天，距离年底还有半年时间，反正到时彼此早都忘记这件事了吧，我一边听一边这样想着。

前几天深夜，我因为有事来到了宫崎县山村里，住在了这家旅馆。距离上次住宿已经过了半年，年关将至，我收到了这家宾馆送的黄米年糕。我几乎快忘了这件事，也正因为如此，这份毫无利益色彩的温情深深打动了我。

在住宿的地方吃过早饭，我溜达出了房间，想散步消食。迎面走来的去上学的小学生，擦肩而过时竟然对我说了"早上好"。我以为他在和其他人说，往旁边一看，并没有人。这孩子竟然与一个身份来历不明的人打招呼。

过了一会儿，两个正值叛逆期的男中学生走了过来。走近我时，他们两个一起说道："早上好。"这次我没有惊讶，也向他们问好。之后我遇见的成年村民，也都笑着和我打招呼。这个村子好像有对外来人打招呼的习惯。如今的人们，住在同一栋楼里，即使住在隔壁，也互相不说话，想不到在此世间，还有这样的地方。

其实我从旅馆出来的时候，是打算去森林里散步的。平日，每天饭后我都会坚持散步，不过都是走在水泥马路上，实在没什么意思，偶尔我也想在土路上散散步。在这里，我的眼前就是山。森林里应该有小路吧，我想在那里尽兴地走一走。我本来是这样打算的，不过因为收到了意外的问候，于是不知不觉间就走到了房屋街道的尽头。仔细一看，好像有一条进山的小路。

我小时候是在海边的小镇里长大的。那时候，夏天我都在海里玩，皮肤晒得黝黑。我一直以为是得益于此，我的身体才这么健壮。后来，一位生物学的朋友告诉了我一件意外的事：在强烈阳光的照射下，洗海水浴未必对身体好，相反，"森林浴"则健康得多。那是我第一次听说"森林浴"这个词。

这是有原因的。朋友告诉我，森林里的树木会散发出一种叫"芬多精"（Phytoncide）的物质。在森林里，我总觉得有说不上来的香味，就是因为有这种物质。不仅有香味，这种物质还能使人身心愉快。这好像是大约70年前，一位叫托尔金（Tolkien）[1]的人说的。

之后我都尽量选择在树多的地方散步。但是芬多精总是很少，这也是无可奈何的。

宫崎山中的树多极了，走在林荫路上，抬头也看不到天空，让人不禁以为路的前方就是理想的国度。

---

[1] 1930年，苏俄列宁格勒大学的鲍里斯·托尔金发现，当植物受到伤害时，会分泌物质杀死周围的生物。鲍里斯·托尔金认为这是植物在其周围释放出的挥发性物质，因此将这种物质命名为芬多精（Phytoncide）。——译者注

图书在版编目（CIP）数据

每当回首过去，我还是觉得现在最好 /（日）外山滋比古著；沈英莉译. — 北京：北京日报出版社，2021.6
ISBN 978-7-5477-3577-0

Ⅰ.①每… Ⅱ.①外… ②沈… Ⅲ.①人生哲学－通俗读物 Ⅳ.①B821-49

中国版本图书馆CIP数据核字（2021）第043712号
著作权合同登记图字：01-2021-0379号

OI NO RENSHUCHO
by TOYAMA SHIGEHIKO
Copyright © 2019 TOYAMA SHIGEHIKO
All rights reserved.
Original Japanese edition published by Asahi Shimbun Publications Inc., Japan
Chinese translation rights in simple characters arranged with Asahi Shimbun Publications Inc., Japan through Bardon-Chinese Media Agency, Taipei.

每当回首过去，我还是觉得现在最好

责任编辑：	史　琴
助理编辑：	秦　姚
作　　者：	[日]外山滋比古
译　　者：	沈英莉
监　　制：	黄　利　万　夏
特约编辑：	路思维　常　坤
营销支持：	曹莉丽
版权支持：	王秀荣
装帧设计：	紫图装帧
出版发行：	北京日报出版社
地　　址：	北京市东城区东单三条8-16号东方广场东配楼四层
邮　　编：	100005
电　　话：	发行部：（010）65255876 总编室：（010）65252135
印　　刷：	艺堂印刷（天津）有限公司
经　　销：	各地新华书店
版　　次：	2021年6月第1版 2021年6月第1次印刷
开　　本：	880毫米×1110毫米　1/32
印　　张：	6.75
字　　数：	110千字
定　　价：	55.00元

版权所有，侵权必究，未经许可，不得转载